藏在编程里的思维力

掌握观察能力

编程思维基础

[日]CodeCampKIDS/ 编著

陶 旭 /译

天地出版社 | TIANDI PRESS

欢迎你翻开《藏在编程里的思维力》这套书！

目前，我国编程教育等信息技术内容已纳入小学、初中信息科技课程和中小学综合实践活动课程，并有机融入到相关学科课程中了。在全世界，也已有二十多个国家在基础教育中设立了编程课，因此编程学习也变得越来越重要了。

初学编程的孩子并不需要立即学会用电脑来编写程序，先培养他们用"编程式思维方式"来思考问题更加重要，即让孩子学会用逻辑化的思维方式高效有序地解决生活中的各种难题。在本书阅读过程中，不需要使用电脑和软件，一支笔就可以开启孩子的编程思维启蒙之旅。全书由浅入深，用生动漫画、趣味习题帮助孩子轻松理解编程思维，即使是编程零基础也能一看就懂。整套书通过"基础编程知识、有序处理指令、重复执行程序、设置条件分支、变量的运用、综合练习"六个角度来分别训练孩子的观察力、执行力、分析力、逻辑思维力、创造力及综合能力。让孩子不仅成为编程高手，更是思维高手！

如今社会，以编程为内核驱动的科学技术已经非常普及，编程在我们的日常生活中无处不在，因此了解和运用编程也成为很重要的技能。本书会带领小读者接触编程的世界，并会让大家觉得"编程真有趣！我也可以完成！我还想再试试"。

如果孩子在了解了编程思维后觉得很有意思，也可以再进一步学习计算机编程，如挑战控制机器人、制作游戏程序、开发App等有意思的项目。

那么，赶快来了解本书中介绍的编程思维吧，体验有趣的编程世界！

编程是什么

我们与计算机交流的时候需要使用计算机可以理解的语言，即编程语言。而写有让计算机做什么东西的一系列按一定顺序排列的指令就叫作"程序"，编写程序的过程就称为"编程"。

编程遍布我们的生活

不仅我们平时使用的电脑及智能手机，还有冰箱、洗衣机、空调等家电，或是大家都很喜欢玩的游戏机，里面都装有计算机，并且需要通过编程来让各种功能运行起来。

学会编程就可以做这些事情

通过学习编程，就可以制作大家都喜欢玩的游戏、常用的 App，或是制作网站等。这样就可以为自己的创意赋予力量，让全世界都看到！你的创意也许可以帮助别人，让人们更加幸福。这也一定可以对你未来的工作起到很大作用！

编程思维是什么

编程思维指"为了达成目标，为行动的组合等建立顺序，并通过逻辑性思考得出结果"，这是孩子们在未来就业中普遍需要具备的能力。

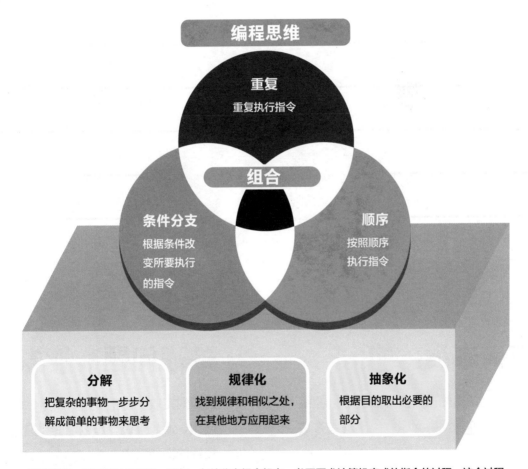

所谓编程，就是通过将顺序、重复、条件分支组合起来，书写要求计算机完成的指令的过程。这个过程的前期需要把复杂的事物分解开来思考，并将其进行规律化和抽象化的处理，再思考如何组合指令（算法）。本书把其中的思考方法（编程思维）整理出来，并帮大家通过习题的形式来掌握这些方法。

通过本书可以提升**5**项能力

观察、分析能力

看清**本质**的能力

通过寻找正确的选项或错误的地方的练习，可以培养找到问题并思考解决方法的能力。

执行能力

处理**问题**的能力

通过对接收到的指令进行拆解，分解问题、逐步推进，可以培养完成预定目标的操作能力。

编程可以说是一个反复发现目标并思考为了实现这个目标的最优流程的处理过程。

实际上这样的反复过程，对于提升各个学科的学习及培养良好的生活态度都是非常有意义的，我们衷心希望通过本书所提升的五项能力，能助力孩子未来实现梦想！

克服**困难**的能力

通过排列组合重复执行及条件分支等的练习，可以培养逻辑思维能力，而不只是靠直觉或主观判断认知事物。

想象及**创造**的能力

通过发现事物的规律，培养"想象"最优解决方案和结果的能力，这样可以培养创造能力。

目录

✿ 本书使用方法

本书由7个部分组成，从Part1开始依次练习，可以逐渐加深对编程的理解。

每个部分通常分为5个步骤。

各有4~5题。

`Step1~4` 分别是该部分中学习内容的基础练习

`Step5` 为该部分的小结性练习

各Step内的题目按从易到难的顺序排列，建议按照顺序来解题，这样有助于自然而然地逐步提升水平。

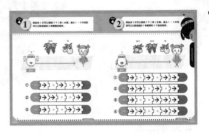

解完各部分的题目后，可以和"解答与分析"核对一下。如果有不对的，可以仔细研究错在哪里了。

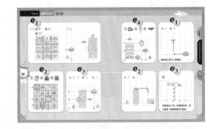

向迷路的机器人宠物发出指令，让机器人宠物回到家中的故事贯穿本书各部分。本书的设计思路是通过解开题目，让漫画中的机器人宠物回到家中。

✿ 程序的表示方式

在本书中，用连接写有指令的拼图模块的方法来表示程序。这是在实际的计算机编程中也会用到的方法。

开始模块

表示程序从这里开始。如果写有"发生了＊＊"，则表示一旦发生这种情况就开始程序。

动作模块

在 □ 中写有动作指令的模块。要像玩拼图那样把它们前后连起来。

结束模块

用在需要结束程序的位置。只要没有放上这个模块，就可以不断增加动作模块。

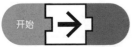

向右前进一步后结束的程序。

可以无限次连接动作指令。

机器人宠物来我家了!

莫塔
悠大家养的鹦鹉,很聪明,会学人说话。

美崎
悠大和小唯的堂姐,住在悠大家附近,是位理工科大学生。她会拿来很多实验制作的东西让悠大他们使用,但其中很多是失败的作品。

佩洛
美崎制造出的机器人宠物。

小唯
悠大的妹妹。虽然年龄小,但经常可以帮助悠大,是很靠谱的小女孩。

悠大
爱玩游戏的男孩。喜欢新事物,好奇心极强,什么都想尝试,但有些毛手毛脚。

10

15

Part 1

编程基础

什么是编程

首先，如果不给计算机发出指令，它就不会运行。在本章中，我们会
用习题来练习按照指令进行编程的基础思维方式。

先来完成一个超简单的小题目，了解什么是指令、什么是执行指令的结果。

试试完成（1）、（2）。

示例　在向机器人发出"打开"的指令时

（1）在向机器人发出"收起"的指令时，左边的物品从右边出来会变成什么样子呢？请从①和②中选择正确的。

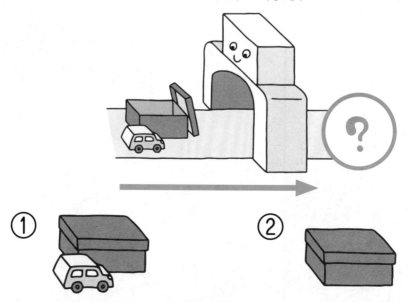

 请参考示例，把指令和从右侧
出来的不同结果连起来。

（2）将机器人接收到的指令和右侧出来的结果对应连线。

指令　　　　　　　　　　　　　结果

摆在一起　　　　·　　　　·　　

按从小到大的顺序
由左至右排列　　·　　　　·　　

去掉一张　　　　·　　　　·　　

翻面　　　　　　·　　　　·

从上面放东西进去，接收指令后会如图分好，那接收的是什么指令呢？请从①和②中选择正确的。

（1）

①按照颜色分开
②按照形状分开

（2）

①按照颜色分开
②按照形状分开

要仔细看哦！

解答在第45页

机器人在"0"按钮按下时举起红旗1秒钟，"1"按钮按下时举起白旗1秒钟。按照下图中的顺序每隔1秒按下按钮，那么按完后机器人是什么状态？请从①－④中选择正确的。

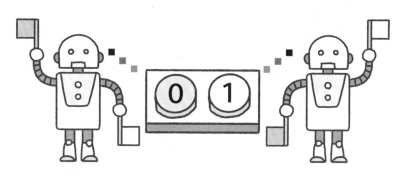

按下的顺序

①

②

③

④

掷硬币后，如果硬币是正面，佩洛会向右移动 1 格；如果是背面就向上移动 1 格。掷 4 次硬币，掷出的面是下列顺序，请从①－④中选择正确的路线。

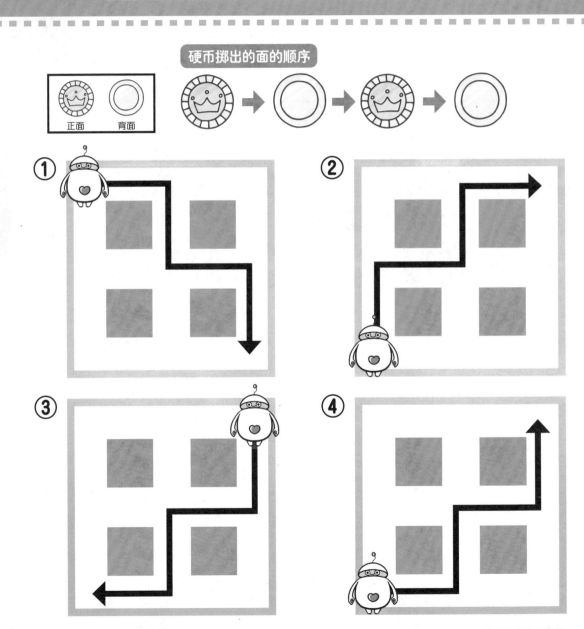

24

☀计算机和机器人是按照接收的指令运行的

> 好的，之前这些都搞定了！

☀需要发出"对什么"要"怎么做"的指令

对象和行为都要有

| 对什么 | 各种形状 |
| 做什么 | 把不一样的形状分开 |

下面，在 Step2 中练习把指令连起来

每个动作都需要类似"收起""举起"这样的指令，并且还可以把指令连起来。计算机或机器人会按照顺序依次执行收到的指令。

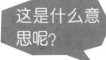

> 这是什么意思呢？

> 我们来试试看吧！

机器人按照下图中的粉刷顺序来刷墙，它接收的指令是①－④中的哪个？

粉刷顺序

①按照粉色→白色的顺序纵向粉刷

②按照白色→粉色的顺序纵向粉刷

③按照粉色→白色的顺序横向粉刷

④按照白色→粉色的顺序横向粉刷

解答在第46页

Step 2

这里有一台制作章鱼小丸子的自动料理机。要正确制作该按什么顺序发出指令？给①－⑥排列顺序。

Part
1

什么是编程

①倒入面浆

②翻面

③加入章鱼块

④涂油

⑤装盘

⑥撒海苔粉

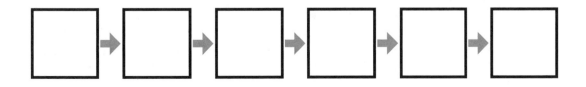

解答在第46页

3 机器人在花坛里种上了花。这个机器人收到的种花顺序指令是下图①－③中的哪一种?

① 按照 🌼 🌷 🌸 的顺序种

② 按照 🌸 🌷 🌼 的顺序种

③ 按照 🌸 🌼 🌷 的顺序种

解答在第46页

按照下图的操作顺序按下遥控器，在起点的猴子机器人会
到达哪个终点？请从①－④中选择正确的。

什么是编程

遥控器

按下遥控器的顺序

△ 向上前进1格
▽ 向下前进1格
◁ 向左前进1格
▷ 向右前进1格

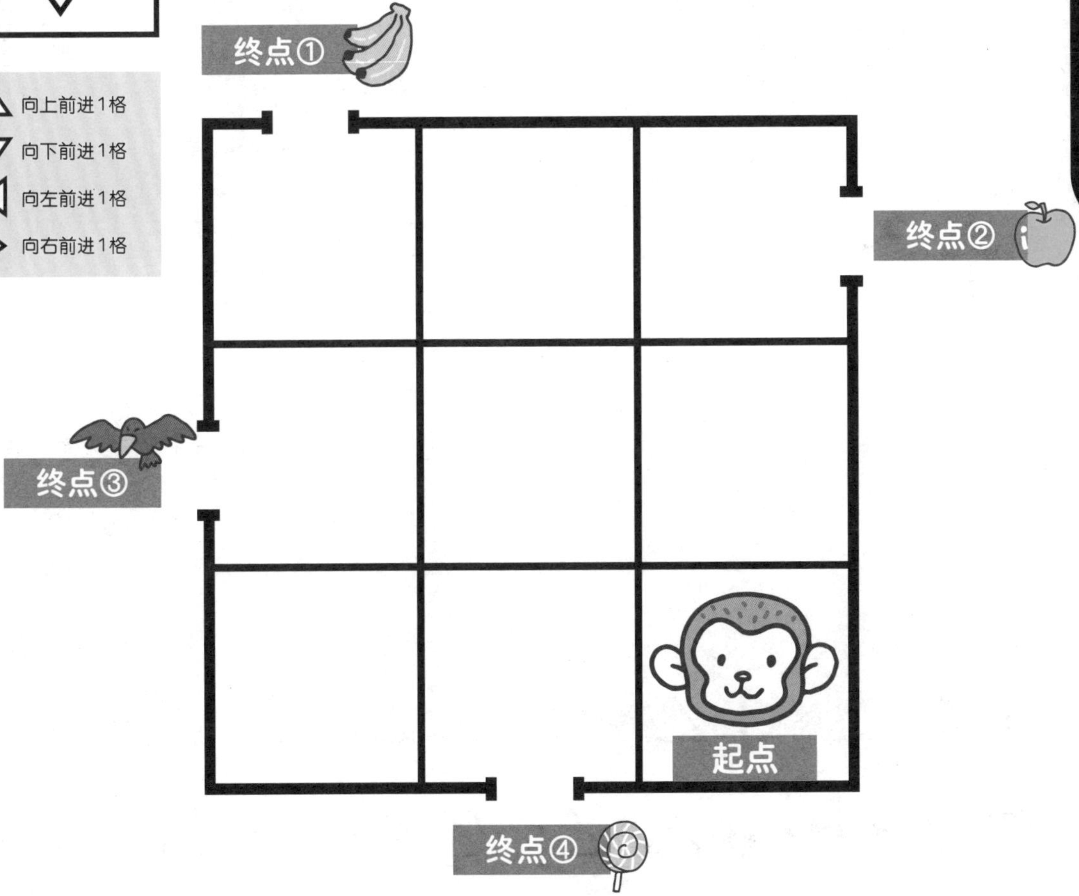

终点①

终点②

终点③

起点

终点④

用遥控器发布指令，使猴子机器人移动到小猫那里，注意没有架桥的地方不能直接过河。请从指令①－④中选择正确的。

① ◁ ➡ △ ➡ ◁ ➡ △ ➡ ◁

② △ ➡ △ ➡ ◁ ➡ ◁ ➡ ◁

③ ◁ ➡ ◁ ➡ △ ➡ △ ➡ △

④ ◁ ➡ ◁ ➡ △ ➡ △ ➡ ▷

解答在第 46 页

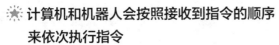

在 Step2 中学到的内容

※ 计算机和机器人会按照接收到指令的顺序
来依次执行指令

如果你也养成"一件一件按顺序完成"的习惯，
那无论是学习做饭、收拾房间，还是完成作业，
都会非常有用。

弄错顺序就
麻烦了！

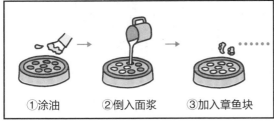

①涂油　　　②倒入面浆　　　③加入章鱼块

下面，在 Step3 用拼图模块传达指令

下面我们就要开始制作发给计算机或机器人的指令（程序）了。在本书中使用的方法是，把指令标在模块上然后再把它们连起来，用这个形式来代表指令。我们先来记住它们的意思和用法。

模块的类型	说明
开始	开始模块 表示指令（程序）从这里开始。有的时候会使用"发生了 ** 就开始"类型的开始模块。
	动作模块 标出动作指令的模块。这就像拼图一样可以前后连接在一起。
	结束模块 用在指令结束的地方。如果下面还继续有指令的话就不要用这个模块。

在 Step3、Step4 中要用到的动作模块

表示
按照箭头方向前进 1 格。

使用方法

开始 ↑

1

小狗机器人按照下图中的程序行动，到达的格子里有什么？

程序

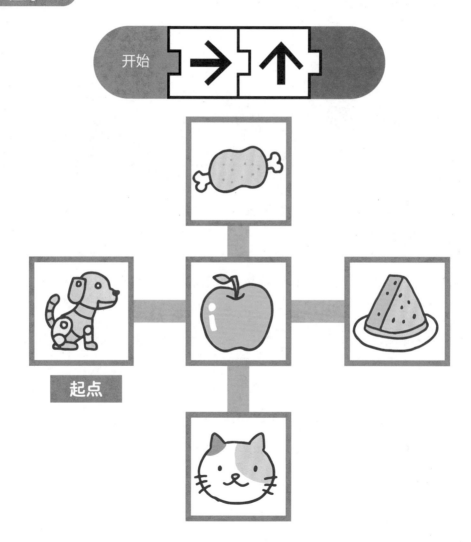

解答在第 47 页

小狗机器人按照下图中的程序行动，到达的格子里有什么？

程序

开始 ← ↑ →

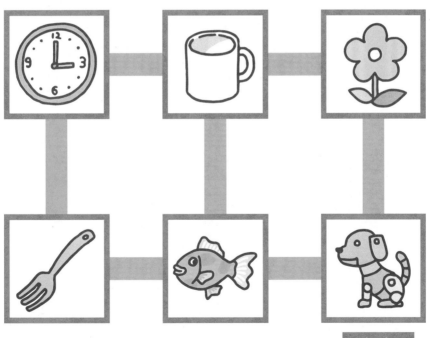

起点

解答在第 47 页

小狗机器人按照下图中的程序行动，到达的格子里有什么？

程序

开始 ↑ ← ↑ ↓

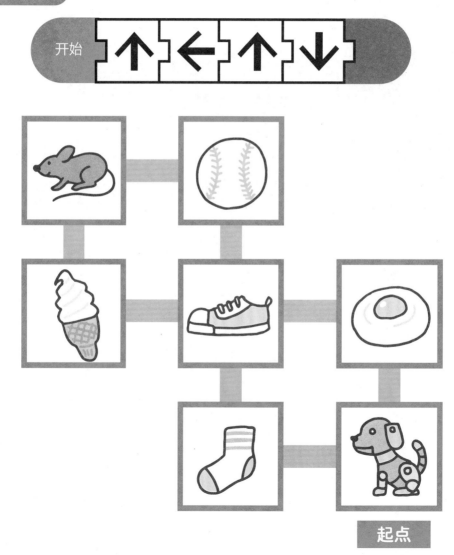

起点

解答在第 47 页

小狗机器人按照下图中的程序行动，到达的格子里有什么？

程序

开始　← ↓ → ↓ ←

起点

解答在第47页

这种机器人可以把通过格子上的字母读出来。可以读出"panda"（熊猫）的程序是①－③中的哪一个？

on	da	an
q	 起点	p
na	b	ba

① 开始 ← ↑ →

② 开始 ↓ → ↑

③ 开始 → ↑ ←

解答在第 47 页

Step 4

2 这种机器人可以把通过格子上的字母读出来。可以读出"desk"（桌子）的程序是①－③中的哪一个？

什么是编程

u	b	t	a	o
m	p	起点	d	g
i	k	s	e	n

① 开始 ← ↑ → →

② 开始 → ↓ ← ←

③ 开始 ↑ → → ↓

④ 开始 ← ↑ ← ↓

解答在第47页

39

Step 4

3

这种机器人可以把通过格子上的拼音读出来。如果按照下图中的程序前进，可以读出什么内容？

程序

开始 ↑ → → ↓

k	ēi	b	iān	ch
u	f	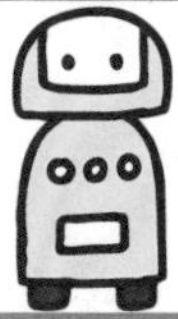 起点	t	éng
ài	y	x	ǎo	m

读出的内容 ________________

解答在第 48 页

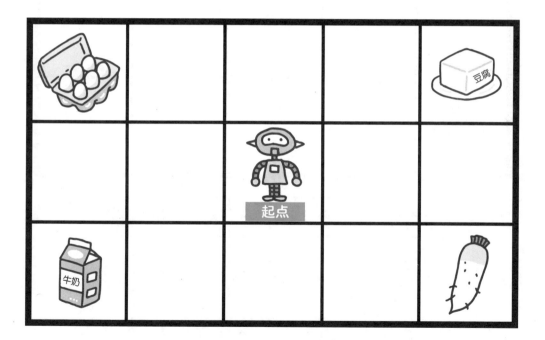

4

请机器人帮忙买东西。机器人会按照下图中的程序前进，把东西买回来。请回答机器人买回了什么？

程序

开始 ↑ ← ↓ ← ↓

买回的东西

请机器人按照下图中的程序前进，把东西买回来。请回答①－③中哪个程序买得到东西，并回答这个程序买到了什么东西？

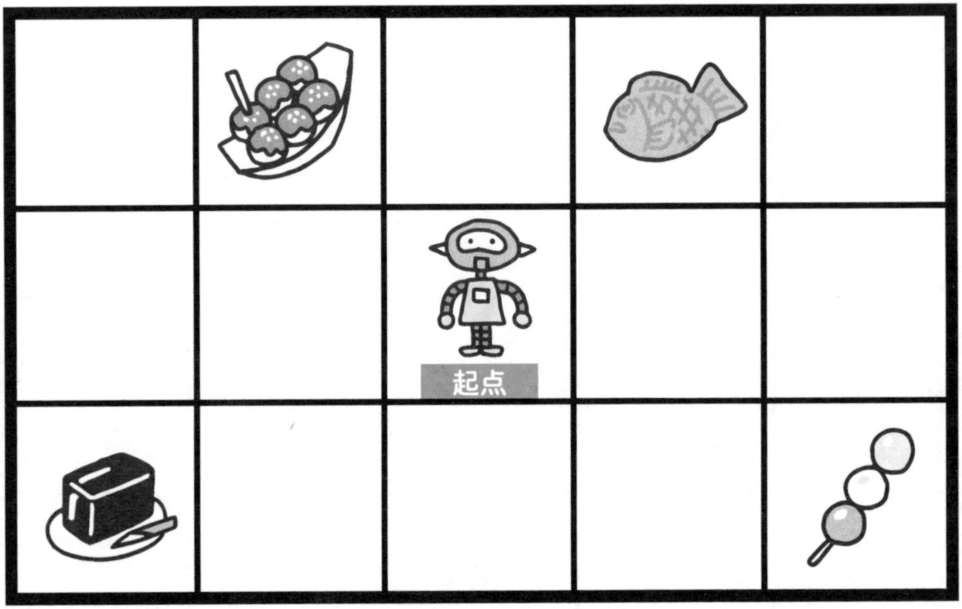

① 开始 ↑ ↓ → → ← ← ↓

② 开始 → ↓ ← ← ↑ ← ↑

③ 开始 ← ↓ → → ↑ → ↓

程序   买到的东西

解答在第48页

Step 1 - 1

(1) ②

(2) 摞在一起

按从小到大的顺序
由左至右排列

去掉一张

翻面

Step 1 - 2

(1) ②按照形状分开

(2) ①按照颜色分开

Step 1 - 3

②

Step 1 - 4

④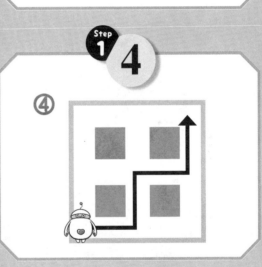

写给家长
朋友

我们先从"发出一条指令后看结果"开始让小朋友们练习，并为了让小朋友不会觉得太简单没意思，设计了各种图案的习题。

Step1-3和1-4的题目是以计算机使用的二进制计算为基础设计的，但不用马上让小朋友理解得那么深。第一步是先要让他们感受到简单且有趣。

③ 按照粉色→白色的
顺序横向粉刷

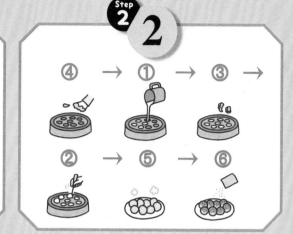

④ → ① → ③ →

② → ⑤ → ⑥

②

②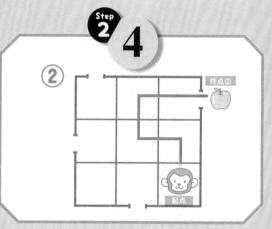

② △ → △ → ◁ → ◁ → ◁

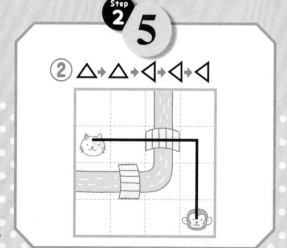

Step 3 **1**

肉骨头

Step 3 **2**

花

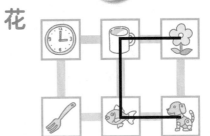

Step 3 **3**

运动鞋

Step 3 **4**

小猪

Step 4 **1**

③ 开始 → ↑ ←

on	da	an
q		p
na	b	ba

Step 4 **2**

② 开始 → ↓ ← ←

u	b	t	a	o
m	p		d	g
i	k	s	e	n

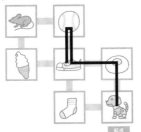
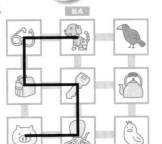

Step4 3

biān chéng（编程）

k	ēi	b	iān	ch
u	f		t	éng
ài	y	x	ǎo	m

Step4 4

牛奶

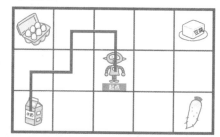

Step4 5

程序 ③

开始 ← ↓ → → ↑ → ↓

买到的东西：**丸子串串**

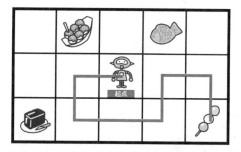

本章内容小节

写给家长朋友

Part1是介绍编程基础知识的部分，由Step1—Step4的18道题目组成。从之后的Part2开始，会在每部分的最后增加Step5用于小结，并设3道题目。孩子们也许会稍微觉得有些难，但如果从Step1开始依次往下练习，是可以顺利完成题目的。完成一部分的题目后请核对解答是否正确。参考"解答与分析"也会有助于理解。

藏在编程里的思维力

提高执行能力

有序处理指令

[日]CodeCampKIDS/ 编著

陶 旭/译

天地出版社 | TIANDI PRESS

目录

Part 2

顺序处理

按照顺序发出指令

计算机会按照指令要求的顺序一个一个执行下去。在本章中，我们来试着写一些简单的动作指令（前进、转向等）。

"我已经到家了呀。你为什么要去接我呢？"

发送

佩洛

Re：悠大，你在哪里？

你不是早上给我发了"15:00来接我"的指令吗？我是按照你发来的地图找到学校的。

什、什么情况？

"我没说呀！"

发送

啊，佩洛回信了！

佩洛

Re：悠大，你在哪里？

我不知道自己现在在哪里——

快救救我——

叮咚！

怎、怎么办呀……

美崎姐的实验又失败了。

摇摇
晃晃
摇摇
晃晃

悠大，你怎么了？

扑

啊，哥哥！

兔子和乌龟按照规则行动。遇到标有 × 的格子不能通过。
它们以所在位置为起点，会到达①－④之中哪个终点呢？

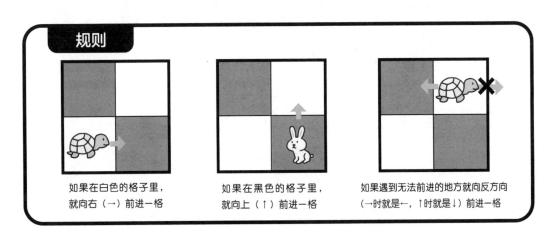

规则

如果在白色的格子里，
就向右（→）前进一格

如果在黑色的格子里，
就向上（↑）前进一格

如果遇到无法前进的地方就向反方向
（→时就是←，↑时就是↓）前进一格

（1）

这里记得要像之前说的那样，一步一步地依次完成。

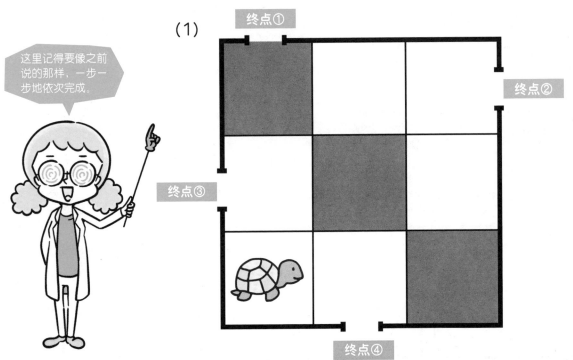

终点①　终点②　终点③　终点④

为了让佩洛可以从学校回到家中，
要先让它从体育馆出来。

(2)

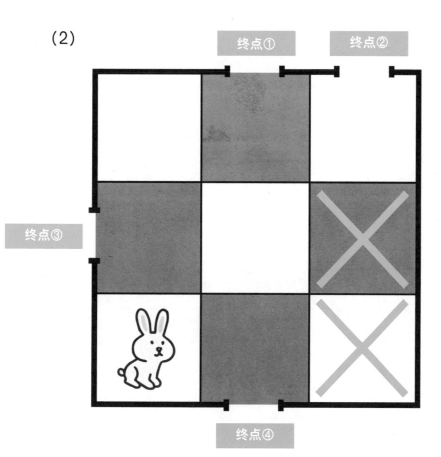

终点①　终点②

终点③

终点④

兔子和乌龟按照规则行动。它们以所在位置为起点进行比赛，谁会先到达终点？

规则

白色格子 ➡ 黑色格子 ⬆ 无法前进 向反方向前进

终点

先到终点的应该是……

一步一步慢慢想，一定没问题的!

先到达终点的是

解答在第 92 页

兔子和乌龟按照规则行动。它们以所在位置为起点进行比赛，谁会先到达终点？

按照顺序发出指令

规则

白色格子 ➡ 黑色格子 ⬆ 无法前进　向反方向前进

终点

先到达终点的是

解答在第 92 页

兔子和乌龟按照规则行动。遇到标有 × 的格子不能通过。
它们以所在位置为起点进行比赛，谁会先到达终点？

规则

白色格子 ➡ 黑色格子 ⬆ 无法前进 *向反方向前进*

终点

先到达终点的是

解答在第 93 页

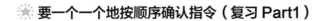

☀ 要一个一个地按顺序确认指令（复习 Part1）

详细说明
编程思维中的"**分解**"

在让佩洛从学校回家的时候，除了可以一下子把回家的整体方法找出来，还可以按照先走出体育馆、之后再走到学校外面……这样分成小部分来分别解决，最终达到目标——回家。

为了完成大的目标而把过程分成可以解决的小部分的方法叫作"分解"。为了掌握编程思维，我们在 Part1 中按照顺序一步一步完成练习的过程也是一种"分解"方法。

怎么办? 怎么办?

冷静下来!

Part
2

按照顺序发出指令

下面，在 Step2 试试写指令

给在 **Part1** 中出现过的模块写实际的指令。
来看看每个模块指令都做什么动作。

Step2-Step4 中用到的动作模块

向右转	向左转	向后转	跳	前进 1格
向右转向 90°	向左转向 90°	转向 180°	原地跳起 1 次	维持现在的方向，按照模块上要求的格数前进

小狗从起点出发，要取完所有物品再到终点，请在模块上写上前进方向（↑ ↓ ← →）。

※ 虽然有多种行进路线，但请根据模块的数量选择合适的方法。

程序

开始

小狗从起点出发，要取完所有物品再到终点，请在模块上写上前进方向（↑↓←→）。

※ 虽然有多种行进路线，但请根据模块的数量选择合适的方法。

按照顺序发出指令

程序

开始

小狗从起点出发，要取完所有物品再到终点，请在模块上写上前进方向（↑↓←→）。

※ 虽然有多种行进路线，但请根据模块的数量选择合适的方法。

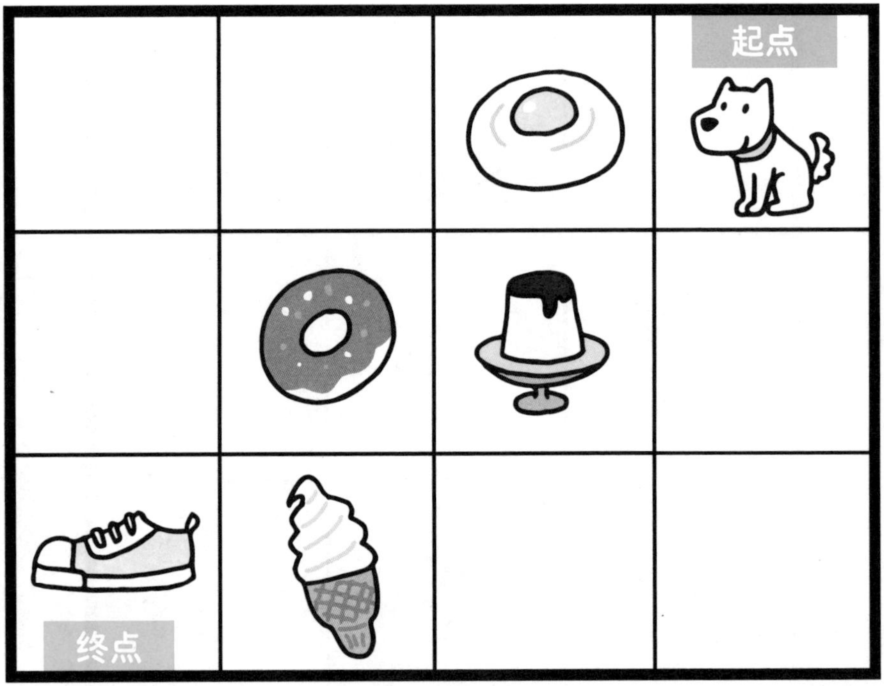

程序

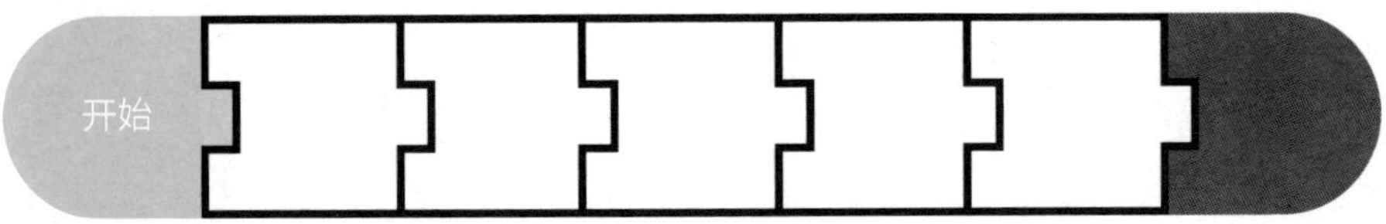

开始

解答在第93页

小狗从起点出发，要取完所有物品再到终点，请在模块上写上前进方向（↑ ↓ ← →）。

※ 虽然有多种行进路线，但请根据模块的数量选择合适的方法。

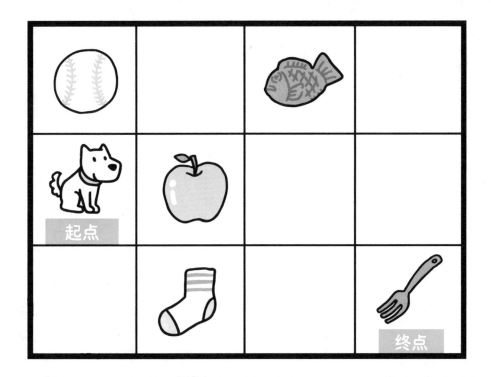

程序

开始

小狗从起点出发，要取完所有物品再到终点，请在模块上写上前进方向（ ↑ ↓ ← → ）。

※ 虽然有多种行进路线，但请根据模块的数量选择合适的方法。

起点				
				终点

你已经掌握了一个格子一个格子前进的方法了吧？

程序

开始

解答在第94页

1

这是发出转向指令的练习。机器人按照如下程序行进。请从
①-③中选出应该放入 A 处的指令。

※ 虽然有多种行进路线，但请根据下面的程序填写。

程序

| 开始 | 前进
1格 | A | 前进
1格 | 向右转 | 前进
1格 | |

⚠ 有水池、小狗的格子不能通过

①前进1格　　②向右转　　③向左转

解答在第94页

这是发出转向指令的练习。机器人按照如下程序行进。请从①－④中选出应该放入 A 处的指令。

※ 虽然有多种行进路线，但请根据下面的程序填写。

程序

| 开始 | 前进1格 | A | 前进1格 | 向左转 | 前进1格 | A | 前进1格 | 向左转 | 前进1格 |

⚠ 有水池、小狗的格子不能通过

①前进1格　②向后转　③向右转　④向左转

解答在第94页

这是发出转向指令的练习。机器人按照如下程序行进。如果想要在路上与小伙伴会合一起去终点，请从①－④中选出应该放入 A 处的指令。

※ 虽然有多种行进路线，但请根据下面的程序填写。

程序

| 开始 | 前进2格 | 向左转 | 前进1格 | A | 前进1格 | 向左转 | 前进2格 |

⚠ 有水池、小狗的格子不能通过

①前进1格　②向后转　③向右转　④向左转

解答在第 95 页

这是发出转向指令的练习。机器人按照如下程序行进。如果想要在路上与小伙伴会合一起去终点，请从①－④中选出应该放入 A、B 处的指令。

程序

| 开始 | 前进1格 | 向右转 | 前进1格 | A | 前进2格 | A | 前进1格 | B | 前进2格 |

⚠ 有水池、小狗的格子不能通过

①前进1格　②向后转　③向右转　④向左转

1

跳起来 1 次可以摘到 1 个（串）水果。请从①－③中找到
可以让佩洛摘到 2 串葡萄的程序。

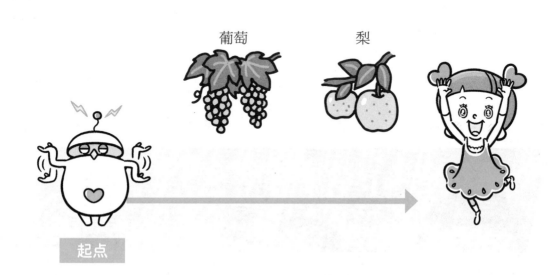

葡萄　　　　　梨

起点

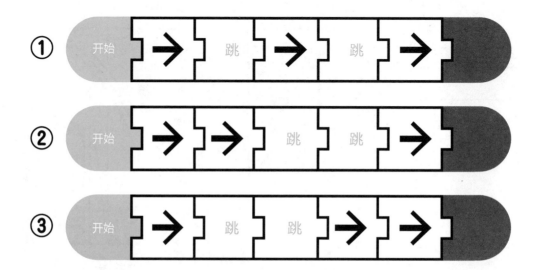

① 开始 → 跳 → 跳 →

② 开始 → → 跳 跳 →

③ 开始 → 跳 跳 → →

解答在第 95 页

跳起来 1 次可以摘到 1 个（串）水果。请从①-④中找
到可以让佩洛摘到 1 串葡萄和 1 个梨的程序。

橘子　　　　　葡萄　　　　　梨

起点

① 开始 → 跳 → 跳 → →

② 开始 → → 跳 → 跳 →

③ 开始 → 跳 跳 → → →

④ 开始 → → 跳 跳 → →

跳起来 1 次可以摘到 1 个（串）水果。佩洛按照下图中的
程序运行，每种水果可以摘到几个（串）？

程序

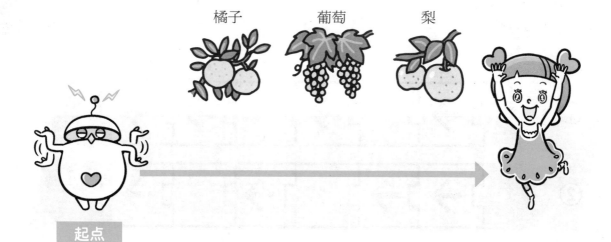

| 开始 | → | 跳 | → | ← | 跳 | → | 跳 | → | 跳 | → |

橘子　　葡萄　　梨

起点

橘子	葡萄	梨
个	串	个

解答在第 96 页

4

跳起来 1 次可以摘到 1 个（串）水果。小唯按照下图中的程序运行，每种水果可以摘到几个（串）？

程序

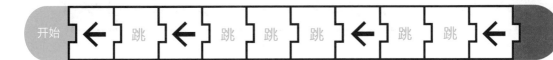

| 开始 | ← | 跳 | ← | 跳 | 跳 | 跳 | ← | 跳 | 跳 | ← |

橘子　　　　葡萄　　　　梨

起点

橘子	葡萄	梨
个	串	个

跳起来 1 次可以摘到 1 个（串）水果。佩洛从左边开始、小唯从右边开始，如果按照下图中的程序运行，每种水果可以摘到几个（串）？

佩洛的程序

开始 → 跳 跳 → 跳 → 跳 跳 跳 →

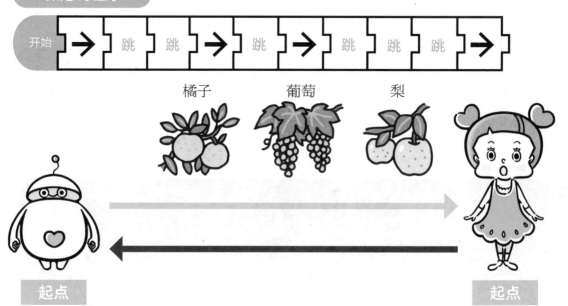

橘子　　葡萄　　梨

起点　　　　　　　　　　　　　　起点

小唯的程序

开始 ← 跳 ← ← 跳 → 跳 ← 跳 ←

	橘子	葡萄	梨
佩洛	个	串	个
小唯	个	串	个

解答在第 96 页

☀ 移动指令之外的其他指令

我们除了确定前进方向并前进，还学会了发出其他动作（跳）的指令。未来你实际去编程制作游戏，也需要让自己的角色向各个方向运动。

跳！

下面，我们来把在这一部分学到的东西都用起来吧

在前面部分里我们做了下列练习。

★自己思考指令并写出来的习题

★一边转向一边行进的习题

★包括前进、移动之外的动作（跳）的习题

从下一页开始，我们综合运用这些技能来完成习题。

晚上，佩洛还在学校的时候，工作人员正在打扫卫生。佩洛和工作人员分别按照下面的规则行动，请完成（1）、（2）两题。

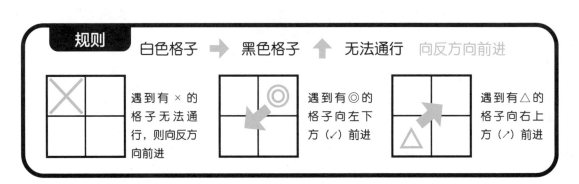

规则　白色格子 ➡ 黑色格子 ⬆ 无法通行　向反方向前进

遇到有 × 的格子无法通行，则向反方向前进

遇到有 ◎ 的格子向左下方（↙）前进

遇到有 △ 的格子向右上方（↗）前进

（1）佩洛和工作人员分别从所在的位置出发，谁会先到教室？到达的是哪间教室？

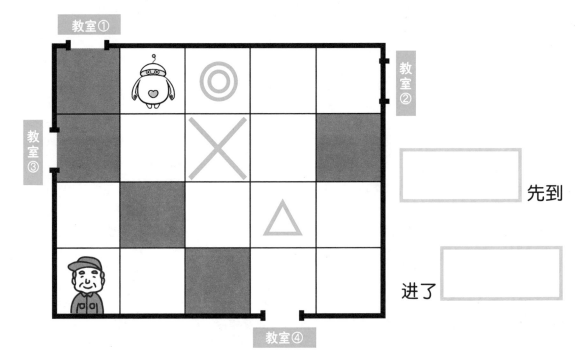

教室①

教室②

教室③

教室④

☐ 先到

进了 ☐

（2）佩洛和工作人员分别从所在位置出发去教室，谁会在路上拿到竖笛？

教室①

教室②

拿到竖笛的是

佩洛和工作人员分别按照程序行动。如果佩洛和工作人员同时在一个位置，它就会被抓走。请从①－④中找出佩洛不会被抓走的程序。

例

工作人员的程序

开始 ← ↑ ←

佩洛的程序

开始 ↑ ↑ →

工作人员到达绿色圆圈时，佩洛在黑色圆圈处，这种情况下是抓不到的。

（1） **工作人员的程序**

开始 ↓ ← ← ↓

佩洛的程序

① 开始 ↑ → → ↑

② 开始 → → ↑ ↑

③ 开始 → ↑ ↑ →

④ 开始 ↑ ↑ ↓ ↓

佩洛和工作人员同时行动，如果工作人员前进 2 格，那佩洛也前进 2 格。

（2）　工作人员的程序

开始　↑　→　↑　↑　→　↓

佩洛的程序

① 开始　←　↓　←　↑　↓　↓

② 开始　→　↓　←　←　↑　→

③ 开始　→　↓　←　←　↓　→

④ 开始　↓　→　↑　↑　←　←

佩洛和工作人员分别按照程序行动。如果佩洛和工作人员同时在一个位置，它就会被抓走。按照（1）、（2）的原程序，佩洛会被抓走，请试着修改程序。

（1）请修改佩洛程序里最后的模块，改成不会被抓到的程序。但每个格子同一个人物只能去一次。

工作人员的程序

开始 ↓ ← ← ← ↑

佩洛的程序

开始 ↑ → → ↓ ←

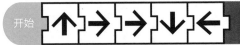

开始 ↑ → → ↓

开始 ↑ → → ↓

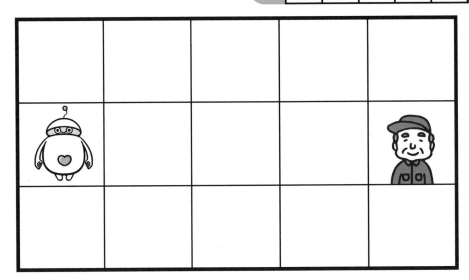

在（2）里，需要先明白如果是原来的程序，在第几次移动的时候会被抓住，佩洛要在被抓住之前就转向。

（2）把佩洛的程序修改一处，改成不会被抓到的效果。但每个格子同一个人物只能进去一次。正确答案有2种。注意不能走到格子外面。

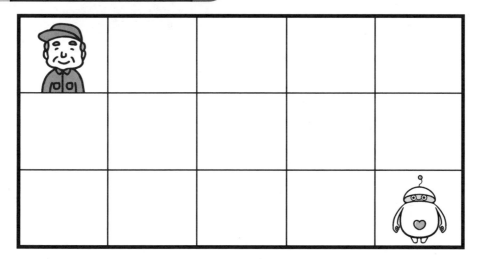

工作人员的程序

佩洛的程序

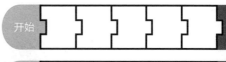

答案不唯一

解答在第98页

学校的楼梯

啊！

咳！咳！咳！咳！咳！

咳！

咳！

咳！

咳！

咳！

Step
1
1

(1) ②

终点②

(2) ①

终点①

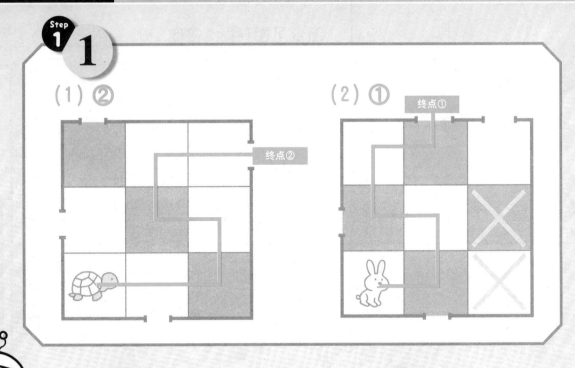

Step
1
2

乌龟

Step
1
3

兔子

Step 1 4

乌龟

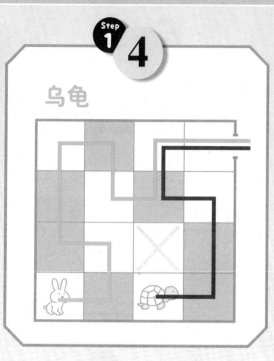

Step 2 1

开始 → ↑ → ↑

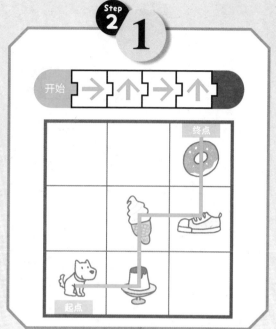

Step 2 2

开始 ← ↑ → ↑

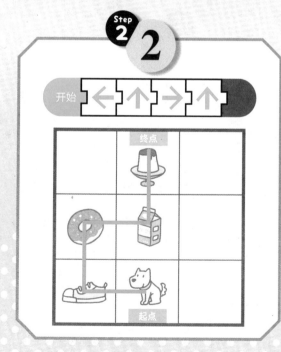

Step 2 3

开始 ← ↓ ← ↓ ←

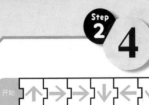

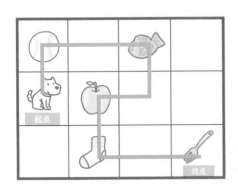

③向左转

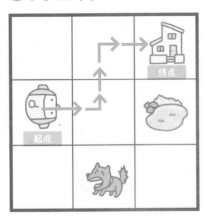

③向右转

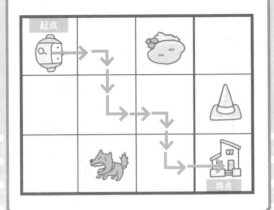

②向后转

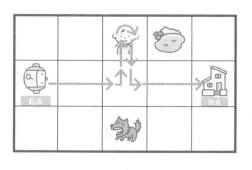

A：④向左转

B：②向后转

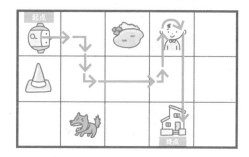

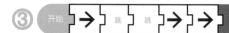

在葡萄下面连续跳 2 次的是③。

①能摘到葡萄和梨各 1 个（串），

②能摘到 2 个梨。

在葡萄和梨下面各跳 1 次的是②。

①能摘到橘子和葡萄各 1 个（串），

③能摘到 2 个橘子，④能摘到 2 串葡萄。

Step 4 - 3

橘子	葡萄	梨
2 个	1 串	1 个

需要注意，佩洛摘了 1 个橘子后去了葡萄下面，马上又回到了橘子下面。

Step 4 - 4

橘子	葡萄	梨
2 个	3 串	1 个

虽然小唯是从右向左走的，但程序还是从"开始"模块一步一步向右完成。要注意方向别弄混。

Part 4 - 5

	橘子	葡萄	梨
佩洛	2 个	1 串	3 个
小唯	2 个	1 串	1 个

计数的时候，在表里画"正"字来帮助计算，这样就方便多了。

Step 5 ①

（1） **佩洛** 先到

进了 **教室①**

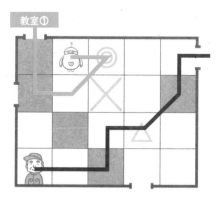

（2） 拿到竖笛的是

工作人员

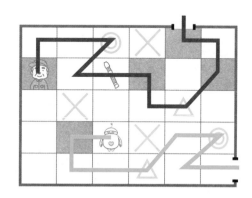

Step 5 ②

（1）② 开始 → → ↑ ↑

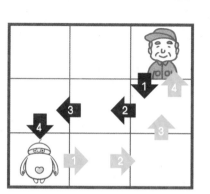

（2）③ 开始 → ↓ ← ← ↓ →

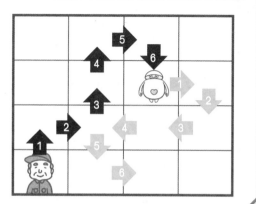

(1)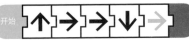

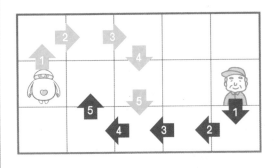 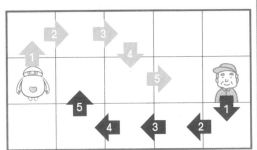

(2)

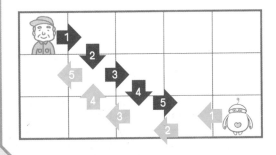 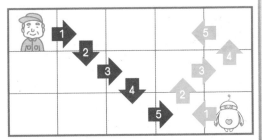

本章内容小结

写给家长朋友

在本章中学习了按顺序一个一个思考指令的方法。即为了完成一个大的目标，先把问题细分（分解）后再一个一个解决。这样的思维方式，在日常生活中订立行动计划及向别人解释步骤等情况下会起到帮助作用。

藏在编程里的思维力

训练分析能力

重复执行程序

[日]CodeCampKIDS/ 编著

陶　旭/译

天地出版社 | TIANDI PRESS

目录

Part 3

重复执行

相同动作就用重复执行

在本章中可以学到的东西

之前我们学过，如果遇到连续 2 次相同的动作，需要发出 2 次指令。
在本章中将学习发出"把一段程序重复执行 N 次"指令的方法，这
样可以掌握更简洁高效的程序写法。

唉……

佩洛发邮件来了！

叮咚！

佩洛

什么情况？

佩洛

我到二层了。

我需要你帮忙。

这是？

佩洛

悠大，帮帮忙！

不要问为什么，快把这个习题做出来！谢谢！

这个练习是要找到哪里是重复的部分。下图是一组动物接龙，请从①－③中找出圈对重复部分的那一项。

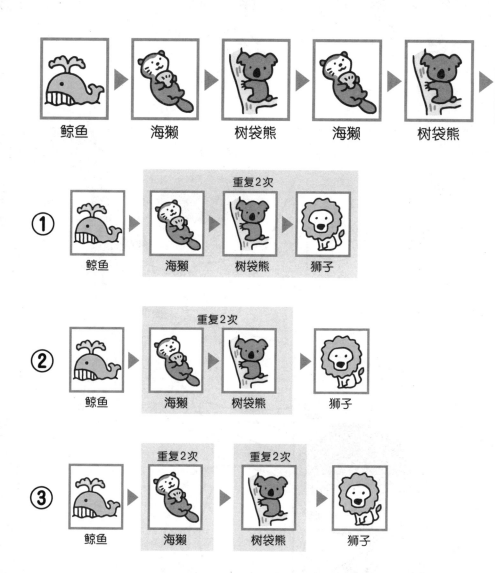

这个习题是要找出重复执行的部分。想想从哪里到哪里是重复的，一共重复了几次。

把指令归纳缩短后就更容易理解了。

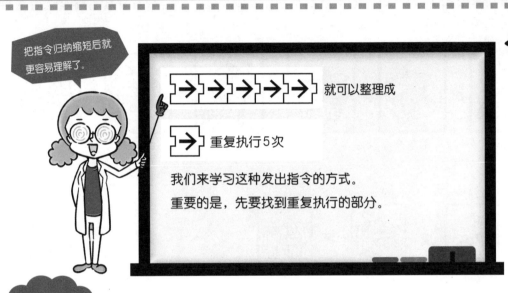

就可以整理成

重复执行5次

我们来学习这种发出指令的方式。
重要的是，先要找到重复执行的部分。

小提示

如果是按①来接龙，那就变成下面这种样子了。

鲸鱼　　　海獭　　　树袋熊　　　狮子　　　海獭　　　树袋熊　　　狮子

咦？狮子的后面是海獭？

解答在第142页

105

下图是一组动物接龙，请从①－③中找出圈对重复部分的那一项。

| 斑马 | 翻车鱼 | 牛 | 斑马 | 翻车鱼 | 牛 |

①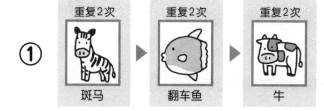

重复2次　　重复2次　　重复2次

斑马　　翻车鱼　　牛

②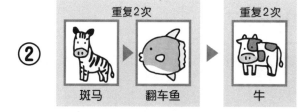

重复2次　　　　　重复2次

斑马　　翻车鱼　　牛

③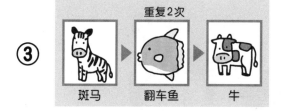

重复2次

斑马　　翻车鱼　　牛

Step 1 - 3 下图是一组动物接龙，请从① - ③中找出圈对重复部分的那一项。

Part **3**

相同动作就用重复执行

大猩猩　骆驼　鸵鸟　鹌鹑　骆驼　鸵鸟　鹌鹑

①

大猩猩　重复2次　骆驼　鸵鸟　鹌鹑

②

重复2次　大猩猩　骆驼　鸵鸟　鹌鹑

③

重复2次　大猩猩　骆驼　鸵鸟　鹌鹑

解答在第142页

4

下图是一组动物接龙，请从①－③中找出正确的指令。

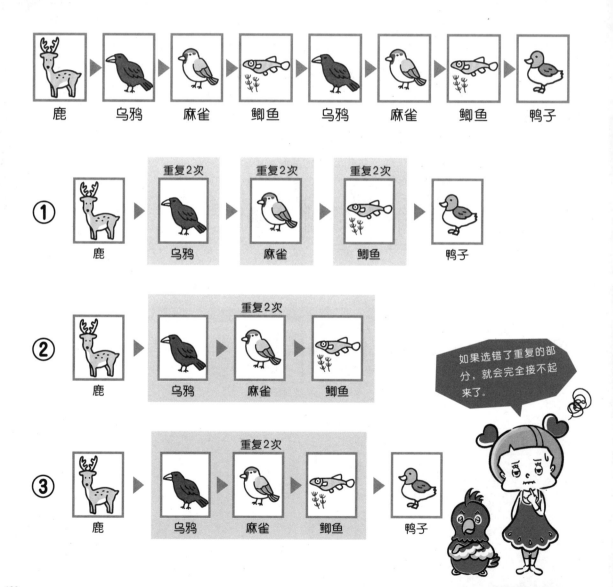

解答在第142页

在 Step1 中学到的内容

☀**找到重复执行的部分**

仔细找到完全按照同样顺序排列的部分，看清楚从哪里到哪里是重复的。

☀**还要找到重复了几次**

对于重复执行，需要指定到哪里结束。有的时候会是下面这些情况。

- 次数（重复执行 N 次）
- 条件（直到……一直重复）
- 无限（总是重复）

自己制作程序的时候也要记住指定"结束重复执行的条件"。

下面，在 Step2 中用重复执行模块编程

在学习发出重复执行指令方法的过程中，我们还会用到下图中的新模块和让重复的模块再重复的程序。

模块的类型	说明	用法
重复执行2次	在重复执行模块里放入动作模块	重复执行2次 开始 ↓ → 相当于进行↓→↓→动作的程序 重复执行2次 开始 ↓ → ↑ 相当于进行↓→↓→↑↓→↓→↑动作的程序
↻	"总是重复执行"模块接在程序的最后	开始 ↓ → ↻ 相当于总是重复↓→动作的程序

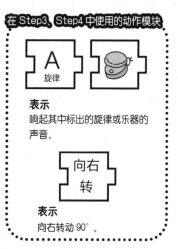

在 Step3、Step4 中使用的动作模块

A 旋律

表示

响起其中标出的旋律或乐器的声音。

向右转

表示

向右转动 90°。

这是要执行把紫色块一格一格地移动到终点位置的程序。请在动作模块上画出合适的箭头（↑→↓←）。

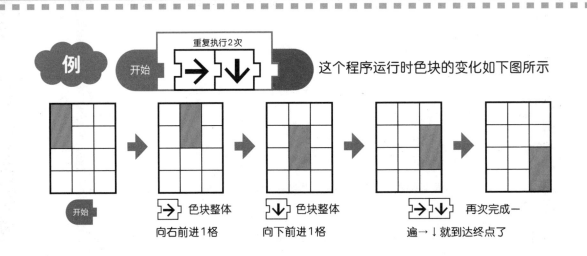

例   开始   重复执行2次 → ↓   这个程序运行时色块的变化如下图所示

开始

→ 色块整体
向右前进1格

↓ 色块整体
向下前进1格

→ ↓ 再次完成一
遍→↓就到达终点了

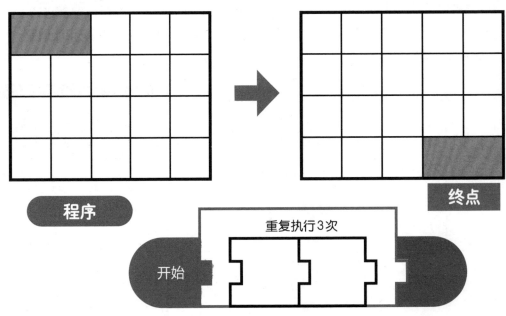

程序

终点

开始   重复执行3次

答案不唯一

110

解答在第143页

这是要执行把紫色块一格一格地移动到终点位置的程序。请在动作模块上画出合适的箭头（↑→↓←）。

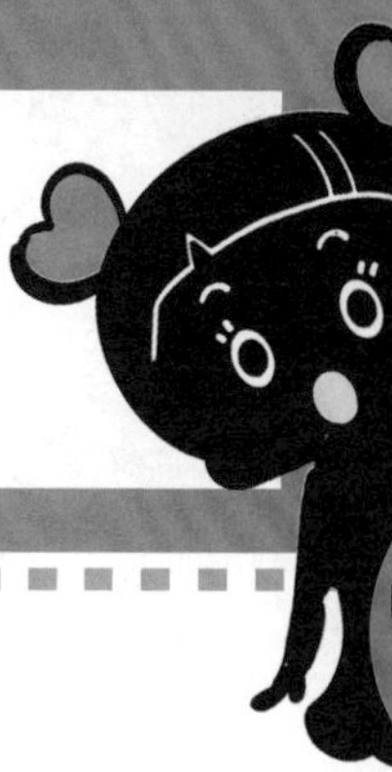

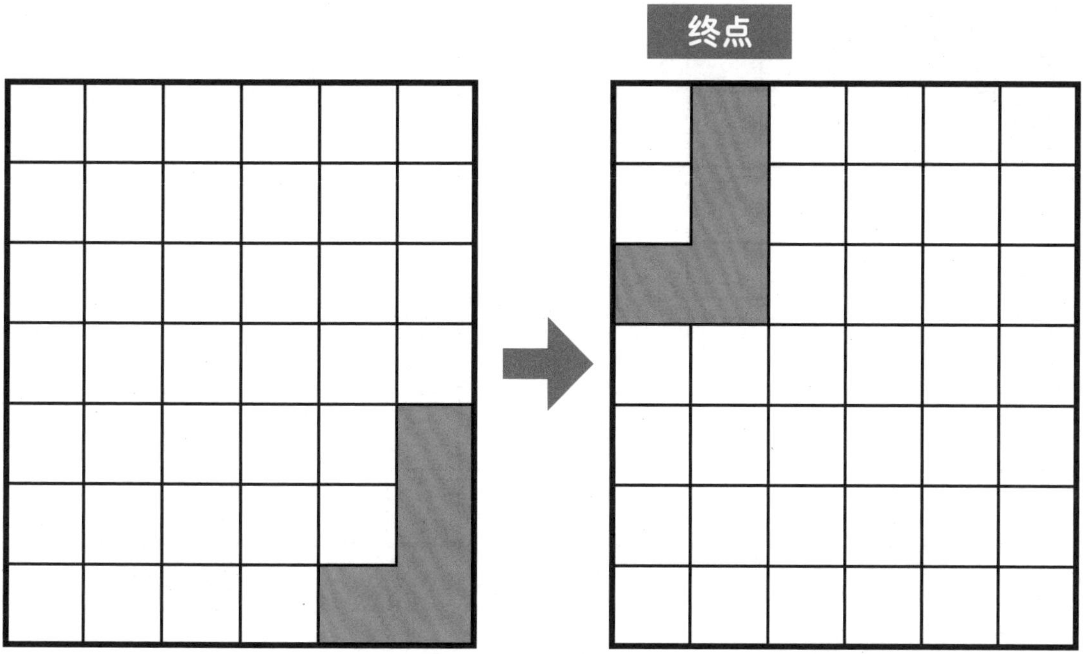

终点

程序

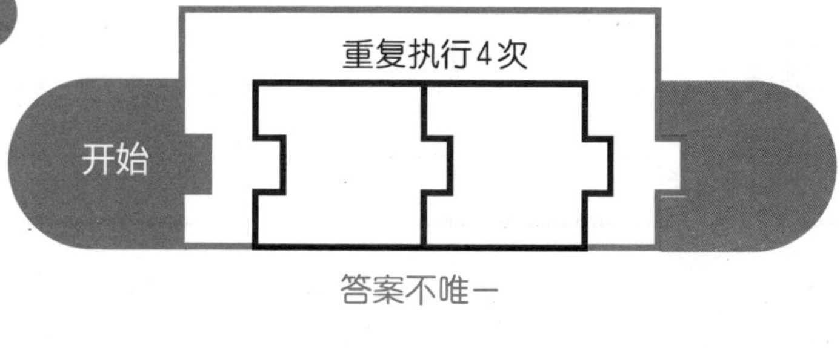

重复执行4次

开始

答案不唯一

这是要执行把紫色块一格一格地移动到终点位置的程序。请在动作模块上画出合适的箭头（↑→↓←）。

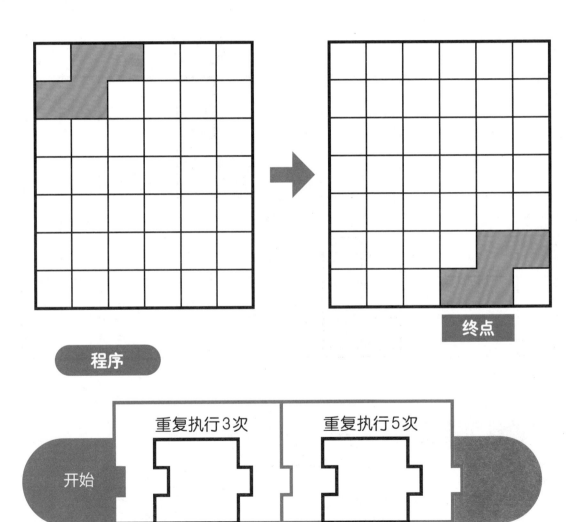

终点

程序

重复执行3次

重复执行5次

开始

解答在第143页

这是要执行把紫色块一格一格地移动到终点位置的程序。
请从①－③中找出正确程序。

※ 注意不能与其他色块重叠。

相同动作就用重复执行

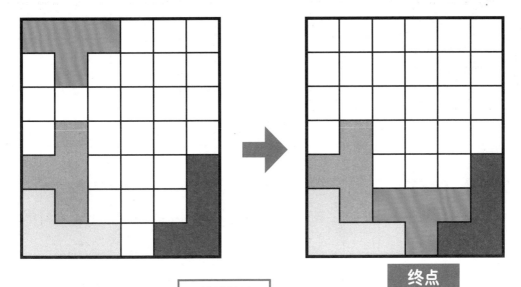

终点

① 开始 ↓ → 重复执行2次 ↓

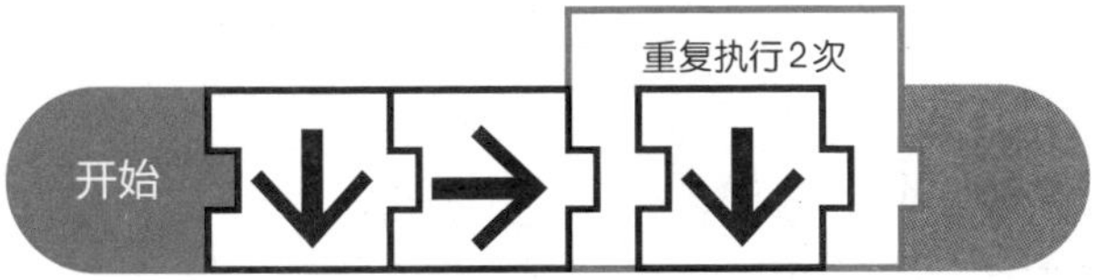

② 开始 ↓ 重复执行2次 → ↓ 重复执行2次 ↓

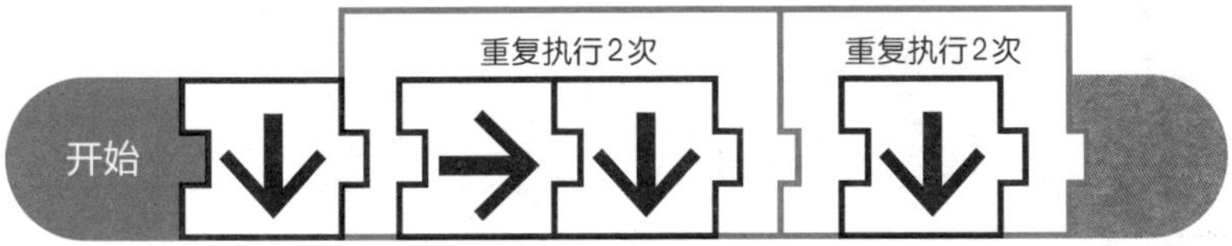

③ 开始 重复执行3次 ↓ → 重复执行2次 ↓

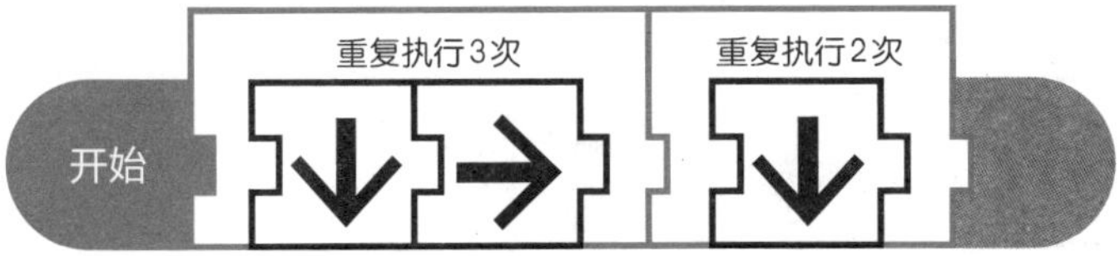

解答在第143页

这是要执行把紫色块一格一格地移动到终点位置的程序。请从①－③中找出正确程序。

※ 注意不能与其他色块重叠。

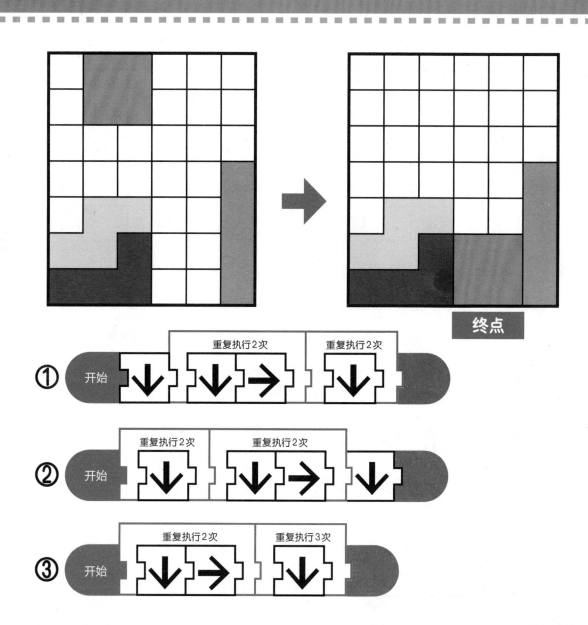

解答在第 144 页

佩洛

悠大，快帮我！

把这套习题做出来，
让音乐停下来。

到底发生了什么呀？

叮咚！

呀一

这样下去会被发现，
又会被扔掉的！

赶快让这个音乐
停下来！

我必须帮助
佩洛！

电子乐器按照下图的演奏顺序一直重复执行程序。请从①－④中找出按照此程序演奏的一项。

程序

① A B B B C C C A ......

② A B C B C B C A ......

③ A B C C B B C A ......

④ A B C A B C A B C A ......

解答在第 144 页

2

电子乐器按照下图的演奏顺序一直重复执行程序。请从①－④中找出按照此程序演奏的一项。

程序

①

②

之后两页里是会让重复执行的模块再重复执行的习题。

③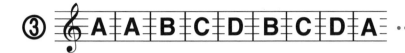

④

解答在第144页

电子乐器按照下图的演奏顺序，运行发出三种乐器声音的程序。请从①－④中找出按照此程序演奏的一项。

程序

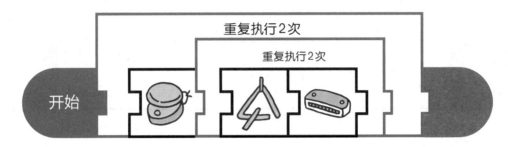

①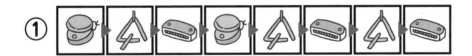

②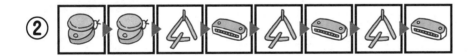

③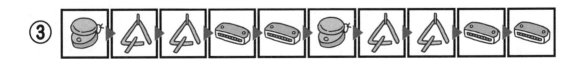

④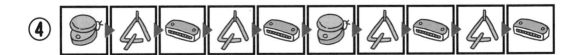

解答在第145页

Step 3

4

电子乐器按照下图的演奏顺序，运行发出四种乐器声音的程序。请从①－④中找出按照此程序演奏的一项。

Part **3**

相同动作就用重复执行

程序

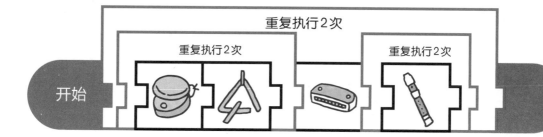

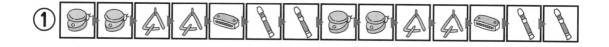

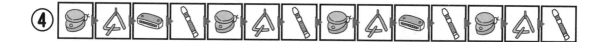

解答在第145页

124

把紫色块以☆为中心转动后，一格一格地移动到终点位置。请从①－③中找出正确程序的一项。(向右转 是指向右转90°）

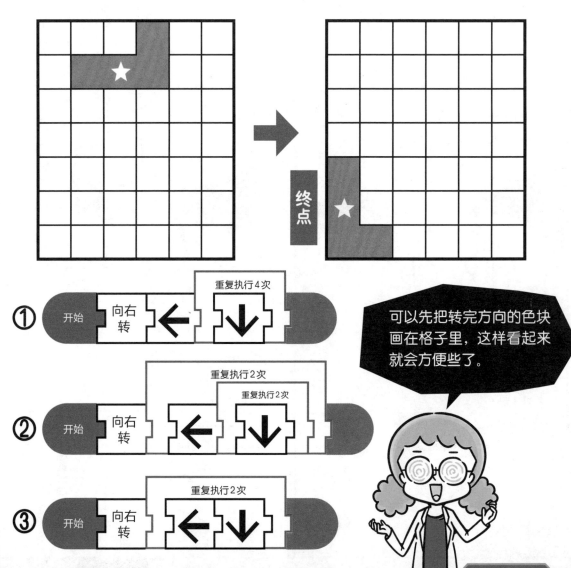

可以先把转完方向的色块画在格子里，这样看起来就会方便些了。

把紫色块以☆为中心转动后，一格一格地移动到终点位置。
请从①－③中找出正确的程序。

相同动作就用重复执行

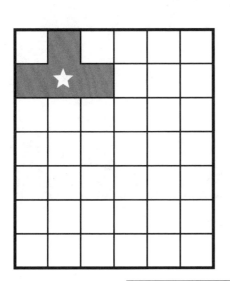

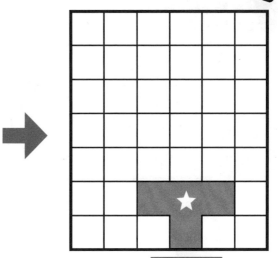

终点

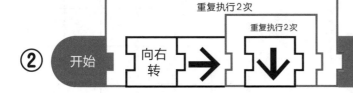

① 开始 向右转 → ↓
重复执行2次
重复执行2次

② 开始 向右转 → ↓
重复执行2次
重复执行2次

③ 开始 向右转 → ↓
重复执行2次
重复执行2次

按照下图的程序，把紫色块一格一格地移动。请把程序结束时色块的位置涂画出来。

程序

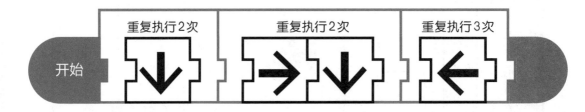

开始 | 重复执行2次 ↓ | 重复执行2次 → ↓ | 重复执行3次 ←

起点

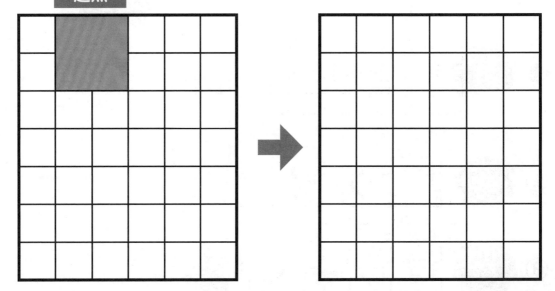

解答在第146页

4

按照下图的程序，把紫色块一格一格地移动。请把程序结束时色块的位置涂画出来。

程序

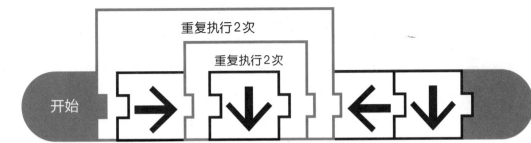

起点

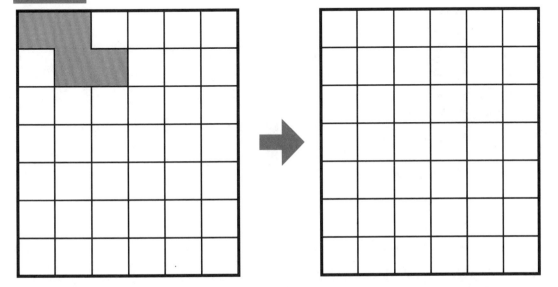

解答在第146页

按照下图的程序，把紫色块一格一格地移动。请把程序结束
时色块的位置涂画出来。

程序

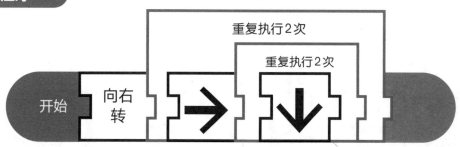

重复执行2次

重复执行2次

开始　向右转　➡　⬇

起点

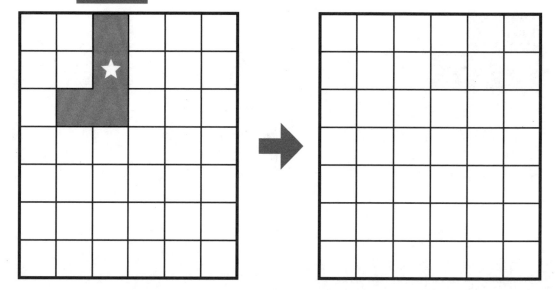

解答在第146页

在 Step2-Step4 中学到的内容

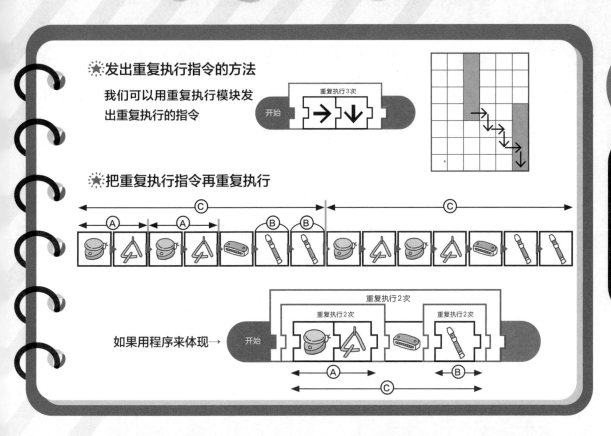

★发出重复执行指令的方法

我们可以用重复执行模块发出重复执行的指令

★把重复执行指令再重复执行

如果用程序来体现→

下面，试试运用本部分学到的方法做习题

在前面部分里我们做了下列练习。

★找到重复执行内容的习题

★发出重复执行的习题

★把重复执行再重复执行，以及含有"总是重复执行"的习题

除此之外，我们实际上还练习了通过自己思考写出程序。

从下一页起，我们来做一些综合习题。

图中按照一定的顺序重复排列。请完成（1）、（2）两题。

（1）请将①-③中的 ？处应该填入的图案分别写在方框里。

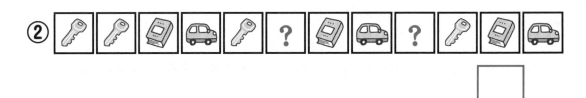

这是针对排列顺序、找出重复执行的规律的复习。

相同动作就用重复执行

（2）在对换位置的时候使用"～～"符号。请在如下①－③中找出重复执行时排列错误的地方并画上"～～"。

A B C D E B A C D E……

↓

A B C D E B A C D E……

① 日 一 二 三 四 五 六 日 一 二 三 五 四 六

②

③

2 制作一个铜锣烧的步骤如下图所示。按照这个步骤编程制作了自动铜锣烧料理机。

步骤

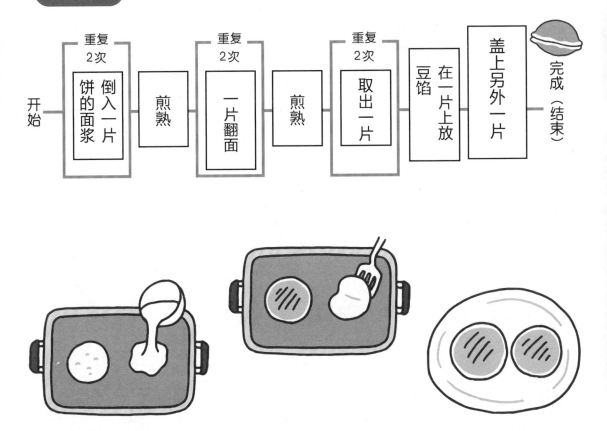

我们来给制作过程编程吧。

Part 3

相同动作就用重复执行

程序

如果让自动铜锣烧料理机一次做出4个铜锣烧，请回答下面的程序中A–E处应该填入什么数字。

重复执行A次 → 倒入一片饼的面浆 → 煎2分钟 → 重复执行B次 → 一片翻面 → 煎2分钟 → （接下一行）

开始

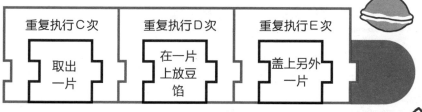

重复执行C次 → 取出一片 → 重复执行D次 → 在一片上放豆馅 → 重复执行E次 → 盖上另外一片

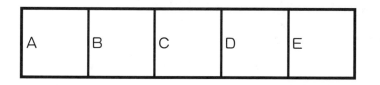

A	B	C	D	E

解答在第147页

机器人按照程序从起点开始走过格子。请回答走过格子上的字组成的内容。

（1）

习	起	程	思
维	行	练	终
序	执	复	脑
电	编	重	起点

程序

开始　重复执行2次　← ↑

走过的字是 | 重 | 复 | 执 | 行 |

> 需要从左到右, 按顺序一个一个地依次认真思考。

（2）

		练			易		骤		模
	心			题		如			
			识				果		
按								习	
	认				步	难			块
起点		客			细				

程序

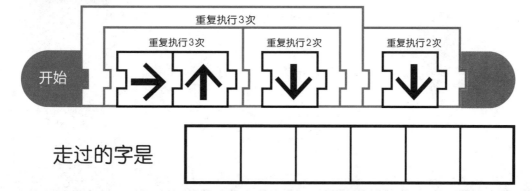

走过的字是

解答在第148页

Step 1 **1**

②

①中狮子重复了2次，是不对的。③相当于"海獭→海獭→树袋熊→树袋熊"，所以是不对的。正确的应该是按照"海獭→树袋熊"的顺序重复2次的第②项。

Step 1 **2**

③

这里只是斑马→翻车鱼→牛的简单重复，所以③是对的。

Step 1 **3**

①

应该是在大猩猩后面重复"骆驼→鸵鸟→鹌鹑"，所以①是对的。

这是一个在排列的过程中有部分重复的例子。

Step 1 **4**

③

不要忘记在重复2次"乌鸦→麻雀→鲫鱼"后还有只鸭子。

Step
2 1

重复执行3次

开始 → ↓

答案不唯一，→和↓可以调换先后顺序

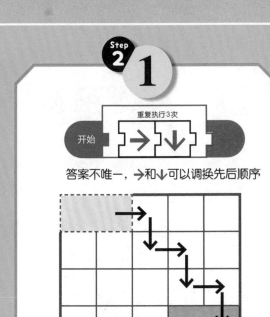

Step
2 2

重复执行4次

开始 ↑ ←

答案不唯一，↑和←可以调换先后顺序

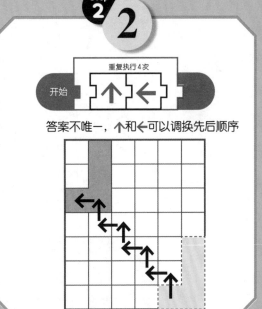

Step
2 3

重复执行3次　重复执行5次

开始 → ↓

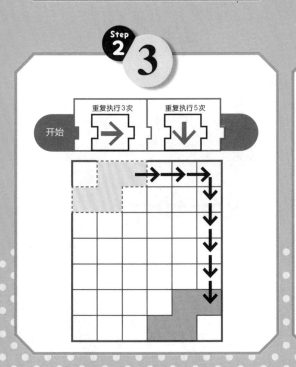

Step
2 4

②

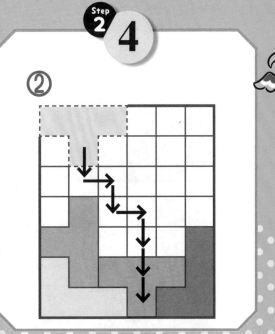

做题时，如果感觉不是很确定，可以试着把每一步都画出来。

Step 2 5

③

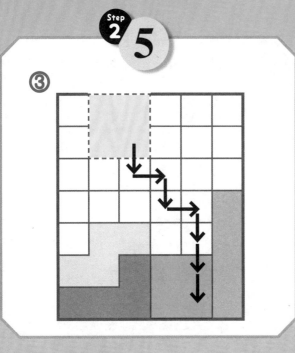

Step 3 1

②

"总是重复执行"模块和结束模块放在同样的位置。

Step 3 2

③

从开始模块依次执行指令，直到"总是重复执行"模块，然后再回到最开始执行。

Step 3 · 3

④

重复执行模块是从最开始的模块开始
执行的。在响板之后再把"三角铁→
口琴"重复执行 2 次，然后再回到最
开始的响板。

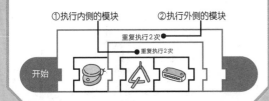

①执行内侧的模块　　②执行外侧的模块

重复执行2次

重复执行2次

开始

Step 3 · 4

②

从开始处依次执行下去。重复执行
2 次"响板→三角铁"，然后 1 次
口琴，之后重复执行 2 次竖笛。最
后再把这些整体重复执行 1 次。

相同动作就用重复执行

Step 4 · 1

②

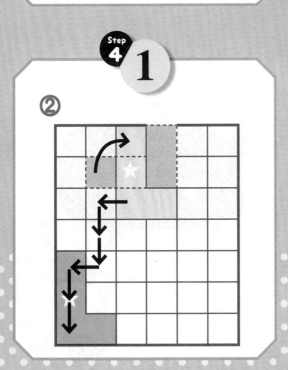

Step 4 · 2

②

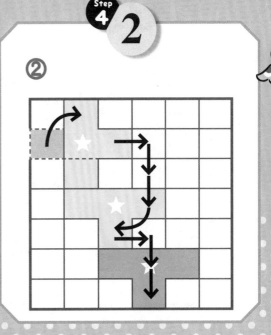

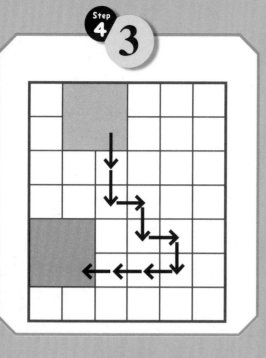

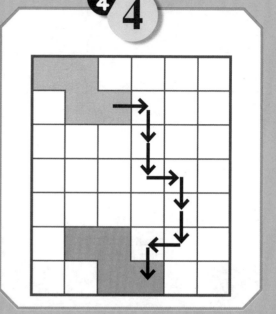

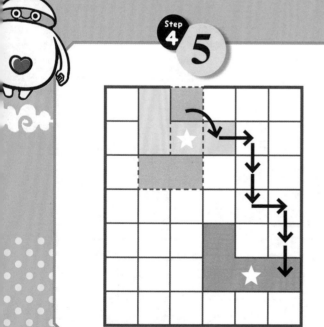

在移动色块的时候，可以选定其中的一个点，一直注意它的移动，这样就比较容易理解。

Step 5 — 1

(1)

①黑桃

②钥匙

③小唯

(2)

① 日 一 二 三 四 五 六 日 一 二 三 五 四 六

②

③

Step 5 — 2

A：8　B：8　C：8　D：4　E：4

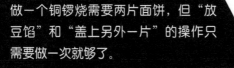

做一个铜锣烧需要两片面饼，但"放豆馅"和"盖上另外一片"的操作只需要做一次就够了。

Step 5 3

（1）重复执行

习	起	程	思
维	行	练	终
序	执	复	脑
电	编	重	起点

（2）认识如果模块

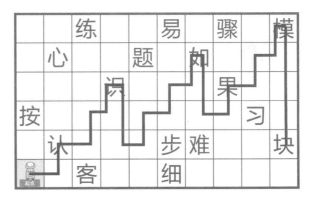

本章内容小结

写给家长
朋友

　　我们在Part2中学习了按照顺序一个一个发出指令，在本章中学习了发出重复执行指令的方法。如果是同样的动作，则作为重复执行来完成，编程的时候就可以不用写大量代码，能简单便捷地完成程序。

　　培养化繁为简的能力，对于如Step5中制作铜锣烧这种有部分步骤在重复所需次数后再进入下面流程的程序，即"订立操作计划"等情况会很有帮助。

藏在编程里的思维力

思维力

培养逻辑能力

设置条件分支

[日]CodeCampKIDS/ 编著

陶 旭/译

天地出版社｜TIANDI PRESS

目录

Part4

条件分支

根据条件改变动作

在本章中可以学到的东西

"如果是 XX 就做○○，如果不是就做△△"，这种根据不同条件采取不同行动的处理就叫作条件分支。我们会做一些把几个条件组合在一起的练习，培养孩子用逻辑性思维推理出结论的能力。

下面开始练习。先来一边练习一边了解"如果……就……"
这个条件到底是怎么回事吧。一起来试试"如果模块"的用法。

（1）佩洛从起点开始一个格子一个格子地前进。如果课桌上有书就跳过一
　　个格子继续往前走，如果有书包就回到起点。请从①－③中找出佩洛能
　　到达有运动服袋子的课桌的一项。

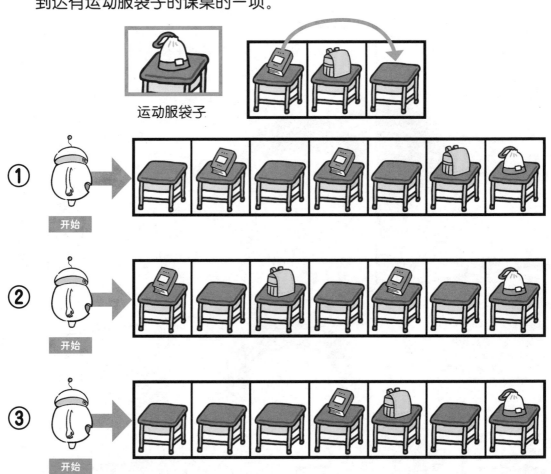

运动服袋子

我们日常生活中也经常会出现根据条件而改变行动的情况，比如"如果明天下雨就带伞""如果早上吃面包就搭配喝牛奶"。

如果模块的
使用示例

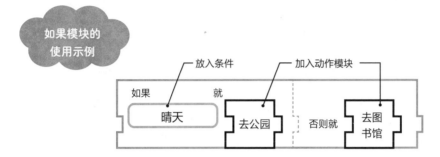

如果不是晴天，去公园的程序就不会执行。在需要发出不是晴天的指令时，在后面的"否则就"处加入动作模块。

（2）佩洛一直不断前进，请从①和②中找出可以让佩洛来到放运动服袋子课桌处的"如果模块"。

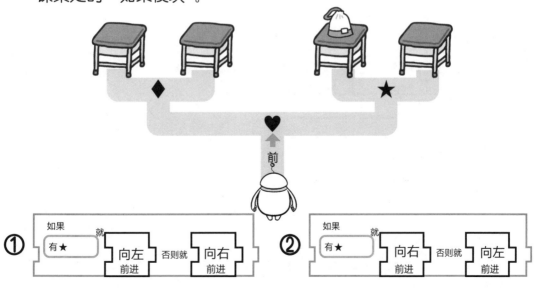

佩洛一直不断前进，请从①－③中找出可以让佩洛来到放
运动服袋子课桌处的"如果模块"。

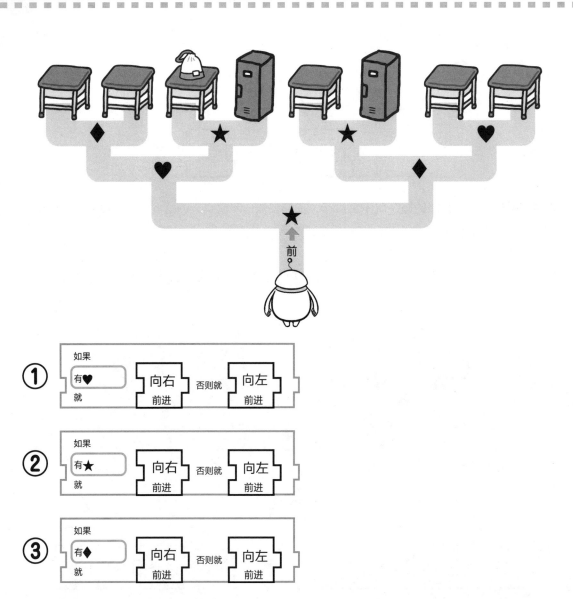

① 如果
有♥ 就 向右 前进 否则就 向左 前进

② 如果
有★ 就 向右 前进 否则就 向左 前进

③ 如果
有◆ 就 向右 前进 否则就 向左 前进

解答在第192页

佩洛一边挨个查看紧靠自己左边的课桌一边前进。为了让佩洛找到运动服袋子，请从①－③中找出适合的"如果模块"。

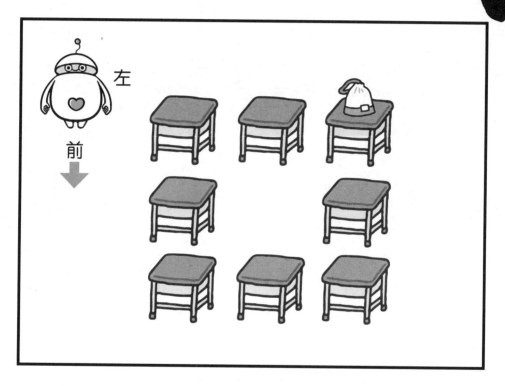

左

前

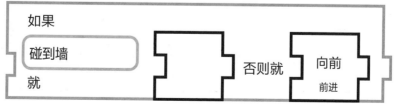

如果

碰到墙

就

否则就

向前
前进

①向右转　②向左转　③向后转

佩洛一边挨个查看紧靠自己左边的课桌一边前进。为了让佩洛找到运动服袋子，请从①－③中找出可以填入"如果模块"▢里的一项。

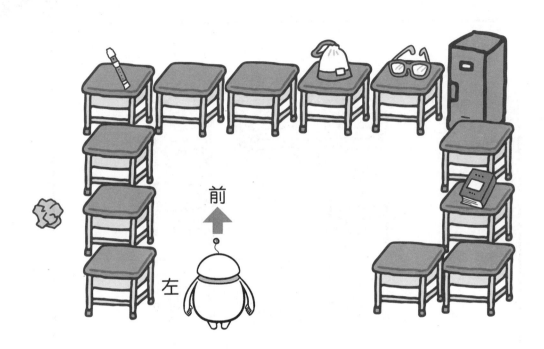

前

左

如果				否则就		
		向右转			向前前进	
就						

①拾到垃圾　②发现眼镜　③碰到课桌

解答在第192页

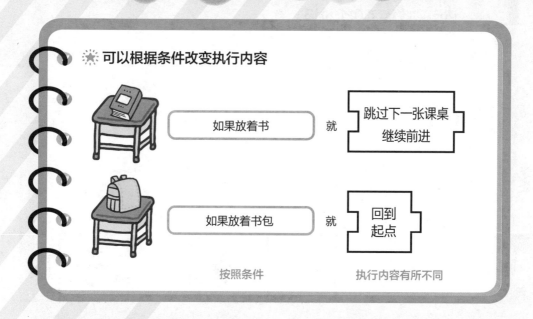

☀ 可以根据条件改变执行内容

| 如果放着书 | 就 | 跳过下一张课桌继续前进 |

| 如果放着书包 | 就 | 回到起点 |

按照条件　　　　　　　执行内容有所不同

下面，Step2 使用"或者""而且"把条件组合起来

下面使用"或者"和"而且 *"来学习更详细的设置条件的方法。可以先学习如下表格，了解其中的区别。

* 在实际编程时大多会写成"且"。

	含义	示例	
A 或者 B	符合 A 或 B 两个条件中的一个	请选择三角形或者橙色的图形	只要是橙色的就算满足条件，所以即使不是三角形也可以选
A 而且 B	A 和 B 两个条件都必须符合	请选择三角形而且是橙色的图形	因为只能选择满足三角形和橙色这两个条件的图形，所以橙色的心形、黑色和白色的三角形不可以选

在 Step2 中使用的模块

到达格子　程序在模块中所写情形发生时开始执行。

扫地机器人按照下图中程序的指示从起点沿箭头方向前进，
请问它收集了几个垃圾。

程序

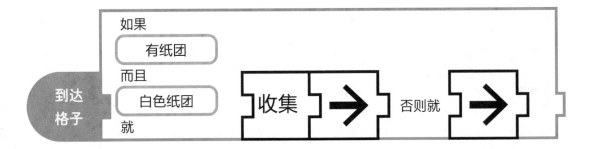

起点　　　　　　　　　　　　　　　　　　　　　　　　终点

解答在第 193 页

扫地机器人按照下图的程序，从起点朝箭头方向扫地，把房间都清扫一遍后停下来。请在最后停下的格子里画○。

程序

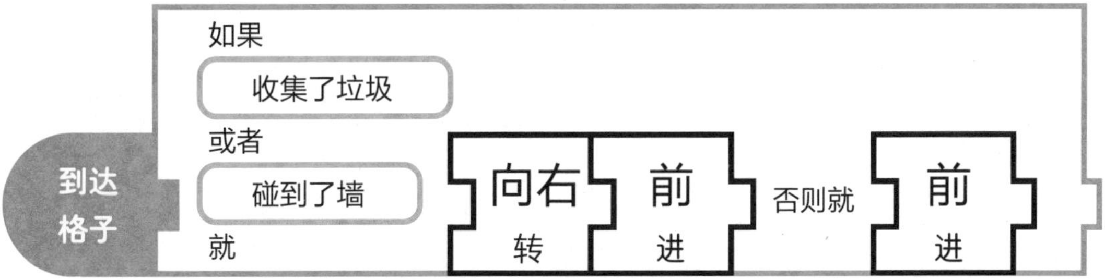

| 到达格子 | 如果 收集了垃圾 或者 碰到了墙 就 | 向右转 | 前进 | 否则就 | 前进 |

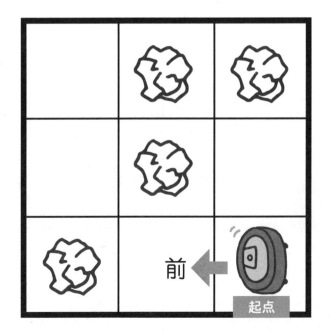

小狗从起点朝箭头方向按照程序行动，如果遇到肉骨头就一定会吃掉。请从①－③中找出可以吃到所有肉骨头的程序项。

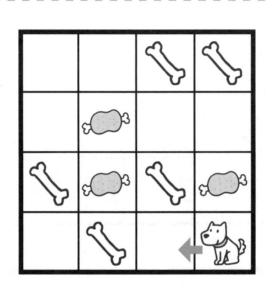

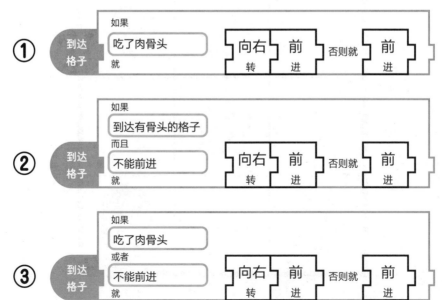

解答在第193页

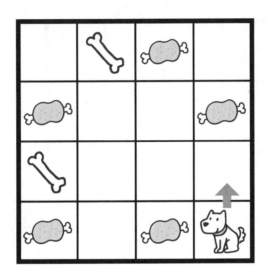

小狗从起点朝箭头方向按照程序行动，如果遇到肉骨头就一定会吃掉。请从①－③中找出可以吃到所有肉骨头的程序项。

根据条件改变动作

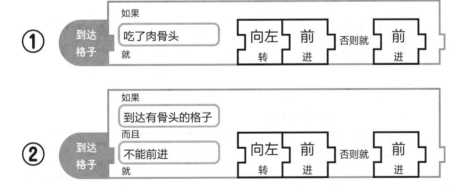

① 到达格子 如果 吃了肉骨头 就 向左转 前进 否则就 前进

② 到达格子 如果 到达有骨头的格子 而且 不能前进 就 向左转 前进 否则就 前进

③ 到达格子 如果 吃了肉骨头 或者 到达有骨头的格子 就 向左转 前进 否则就 前进

解答在第193页

小狗从起点朝箭头方向按照程序行动，如果遇到肉骨头就一定会吃掉。请从①－③中找出可以吃到所有肉骨头并回到狗窝的程序项。

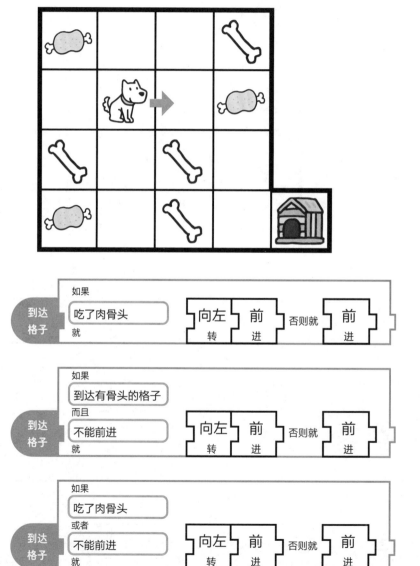

① 到达格子　如果　吃了肉骨头　就　向左转　前进　否则就　前进

② 到达格子　如果　到达有骨头的格子　而且　不能前进　就　向左转　前进　否则就　前进

③ 到达格子　如果　吃了肉骨头　或者　不能前进　就　向左转　前进　否则就　前进

解答在第194页

我参加过无人机体验课。

别忘了呀！

叮咚！

佩洛

佩洛

我能胜任吗？

坐无人机，要我自己操作吗？我没有信心呢。

很不放心呀。

"有我在呢，没问题的！"

我也会给你加油的！

佩洛

我想充电。

请告诉我插座的位置。

是呀，今天已经很晚了呢。

它要坐无人机回来？

好的，先来找插座吧！

佩洛沿着线前进，按照下图的程序找到插座的位置。请问在程序中的□里应该填什么方向（选填右、左、前）？

※ 有东西的线不能通过。

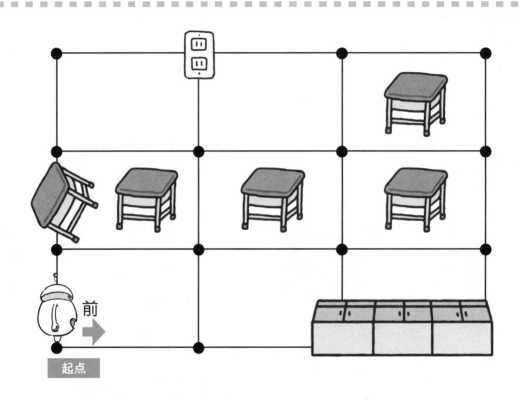

前

起点

程序

到达
●处

如果
可以向前行进
就

向前
行进

否则就

向□转

向前
行进

解答在第194页

佩洛沿着线前进，按照下图的程序找到插座的位置。
请问在程序中的□里应该填什么方向（选填右、左、
前）？

前

起点

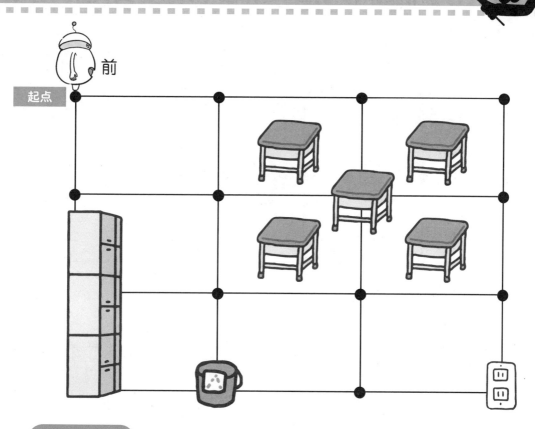

程序

到达
●处

如果

可以向右行进

就

| 向右 | 向前 |
| 转 | 行进 |

否则就

| □ | 向前 |
| 向□转 | 行进 |

佩洛沿着线前进，按照下图的程序找到插座的位置。请问在程序中的□里应该填什么方向（选填右、左、前）？

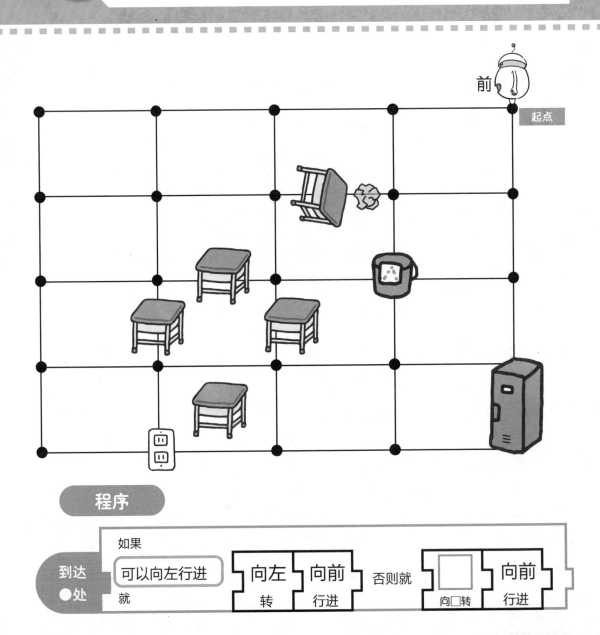

前

起点

程序

到达 ●处

如果
可以向左行进
就 向左 转 向前 行进

否则就 □ 向□转 向前 行进

解答在第195页

佩洛沿着线前进，按照下图的程序找到插座的位置。请问在程序中的□里应该填什么方向（选填右、左、前）？

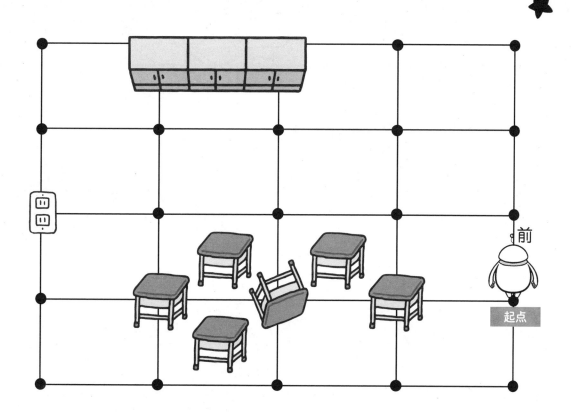

前

起点

程序

到达 ●处

如果
可以向□行进
就

□
向□转

向前
行进

否则就

向前
行进

174

回收机器人按照下图中程序的指示回收箱子。请从①－④中选出应该填入程序中□处的内容。

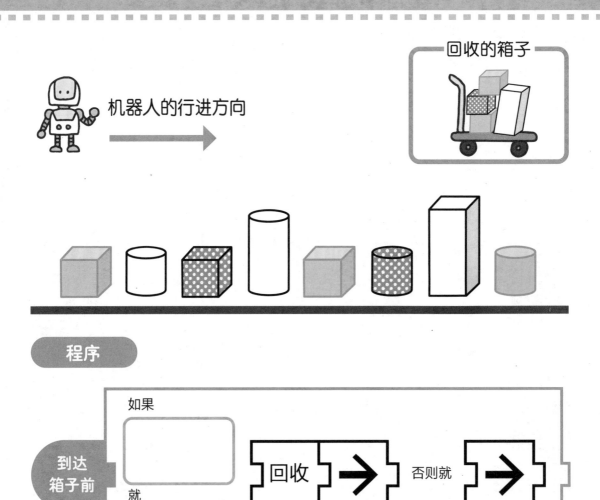

回收的箱子

机器人的行进方向

程序

到达箱子前

如果

就

回收 →

否则就 →

①方形箱子　②有花纹的箱子　③筒形箱子　④橙色箱子

解答在第195页

回收机器人按照下图中程序的指示回收箱子。如果按照回收的顺序把收来的箱子排列起来，请回答箱子上面写的是什么内容？

根据条件改变动作

 机器人的行进方向

思　逻　维　考　辑　想　力

程序

如果

 到达箱子前

方形箱子

就

 回收 → 否则就 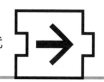 →

箱子排列起来后上面的内容是

_____

回收机器人按照下图中程序的指示回收箱子。请从①－④
中选出应该填入这个程序中 A、B 处的合适项。

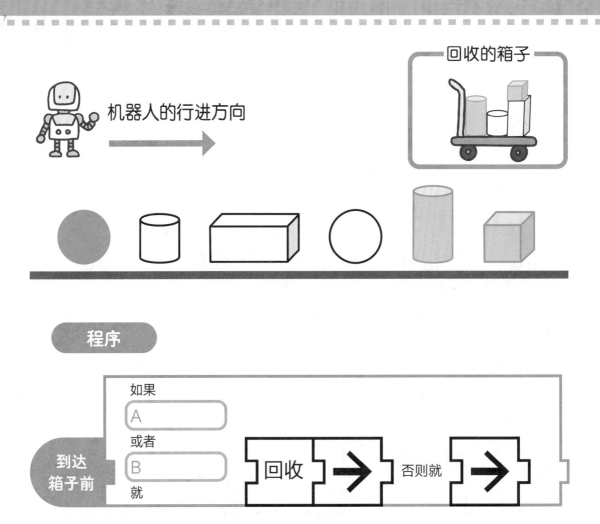

① 球形箱子　② 筒形箱子　③ 方形箱子　④ 橙色箱子

解答在第 196 页

回收机器人按照下图中程序的指示回收箱子。如果按照回收顺序把收来的箱子排列起来，请回答排列的箱子上面写的是什么内容？

根据条件改变动作

机器人的行进方向

编 电 写 程 脑 序

程序

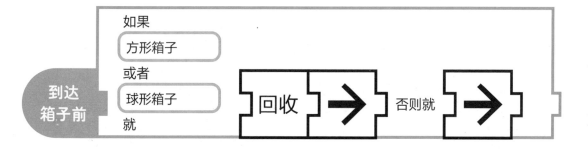

到达箱子前

如果
方形箱子
或者
球形箱子
就

回收 → 否则就 →

排列起来的内容是

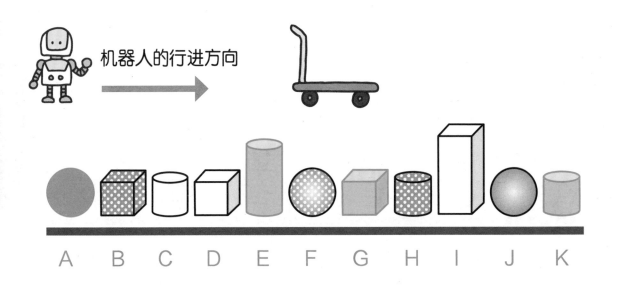

机器人的行进方向

A　B　C　D　E　F　G　H　I　J　K

程序

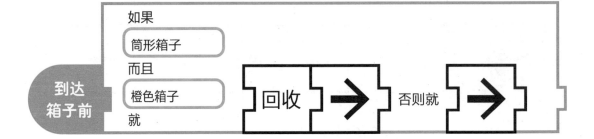

到达箱子前

如果
筒形箱子
而且
橙色箱子
就

回收 → 否则就 →

根据条件改变动作

☀ "或者"与"而且"的区别

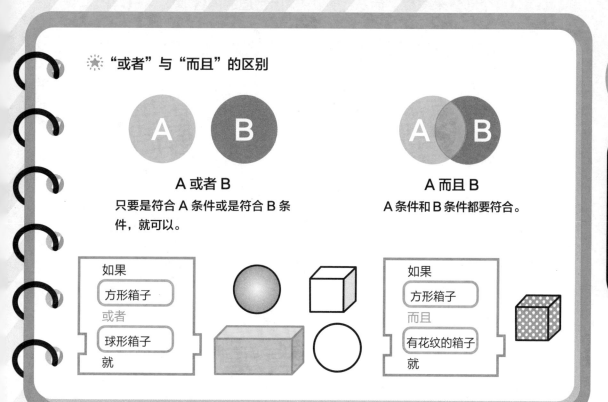

A 或者 B

只要是符合 A 条件或是符合 B 条件，就可以。

A 而且 B

A 条件和 B 条件都要符合。

如果

> 方形箱子

或者

> 球形箱子

就

如果

> 方形箱子

而且

> 有花纹的箱子

就

下面，来用这部分掌握的能力做习题

在前面部分里我们做了下列练习。

★根据条件改变动作的习题

★有多个条件的习题

从下一页开始，我们来做一些把这部分综合起来的习题。

悠大从家出发，不断前进。这里把到达学校的过程分成了三个部分来编程。请从 ⬭ 中找出合适的内容填入 A-C 里。

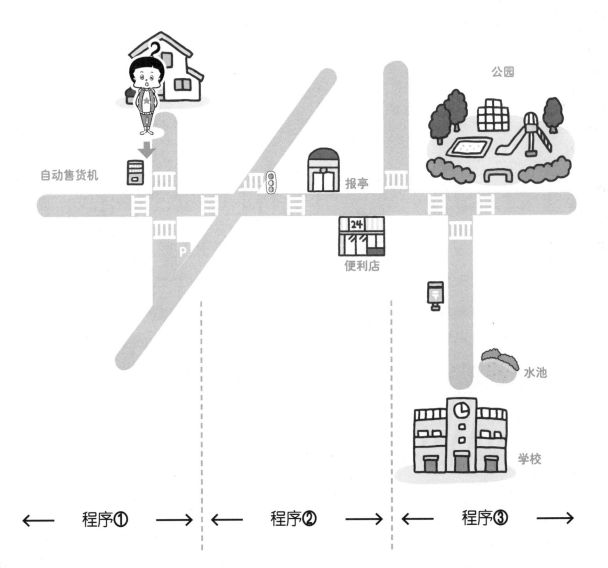

自动售货机

公园

报亭

便利店

水池

学校

← 程序① →   ← 程序② →   ← 程序③ →

悠大每天都按同样的路线去学校。这里是把这个过程试着编成程序来呈现。

程序①

到达路口

如果
有自动售货机
就 A

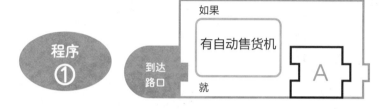

程序②

到达红绿灯前

如果
红绿灯亮红灯
或者
红绿灯亮黄灯
就 停下 否则就 B

程序③

到达路口

如果
有
C
就 向右转

水池　　公园　　向前行进　　向右转　　向左转　　停下

解答在第 197 页

制作答题过程中根据回答的对错在屏幕上显示○或Ⅹ的程序。先参考下图中的表格来分析思考。

正确答案	○		✕	
答题人的回答	○	✕	○	✕
屏幕显示	○	✕	✕	○

把表中的条件整理一下就容易理解了!

都是圈圈叉叉，头好晕。

（1）的两个程序都可以得到同样的
结果，所以两个程序都是正确的。

（1）如果题目的正确答案是○，那程序如下图所示。请在下图中的 A 和
B 里写入○或✕。

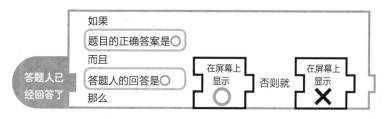

或者

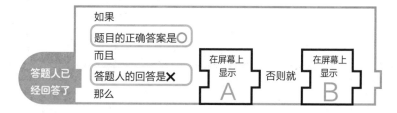

（2）请参考（1）的程序，在题目的正确答案是✕的程序里填写 A、B
的内容。

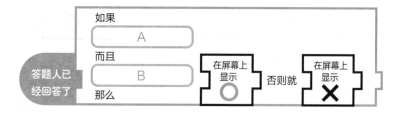

A、B、C 三选题，制作根据答题人的回答在屏幕上显示○或 X 的程序。

（1）请根据题目的正确答案和答题人的回答，在下栏中写出屏幕上应该显示○还是 X。

题目的 正确答案	A			B			C		
答题人的 回答	A	B	C	A	B	C	A	B	C
屏幕显示	○								

这个程序的"如果模块"是这样的：在两处□里分别写进 A—C 中的一个字母（两处相同）就可以了。

如果
题目的正确答案是 □
而且
答题人的回答是 □
就　　　　在屏幕上显示 ○　　否则就　　在屏幕上显示 ✕

可能看起来是正确的，但要注意必须是两个条件都符合才可以……

（2）A、B、C三选题，如果答题人在10秒之内没有回答，那么也在屏幕上显示"✗"。请找到下图程序中错误的地方，并写出正确的回答。

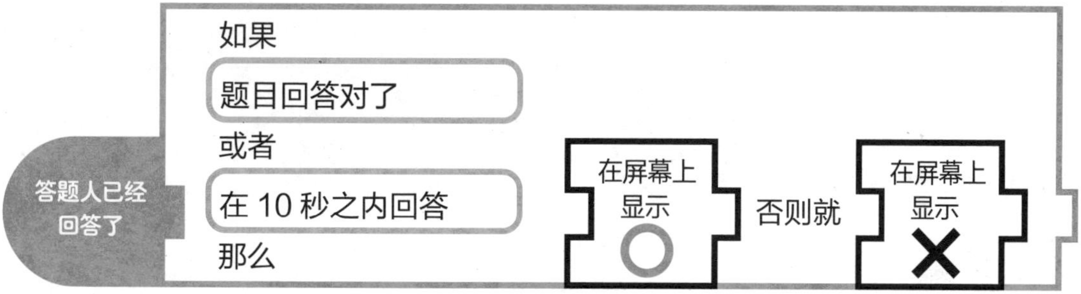

答题人已经回答了

如果

题目回答对了

或者

在10秒之内回答

那么

在屏幕上显示 ○

否则就

在屏幕上显示 ✗

错误的地方 _____   正确的回答 _____

小提示

●即使回答对了，但如果用时已经超出10秒钟也应该显示"✗"。

Step 1 **1**

(1) ③

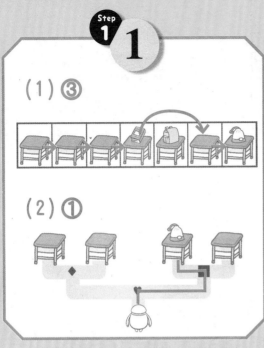

(2) ①

Step 1 **2**

①

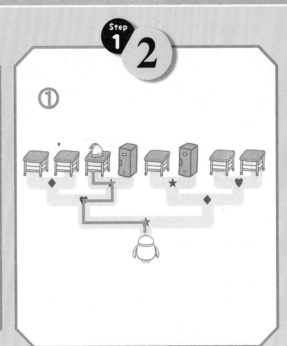

Step 1 **3**

②向左转

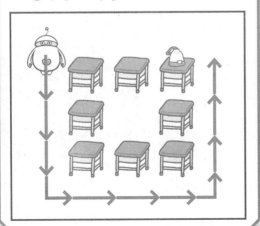

Step 1 **4**

③碰到课桌

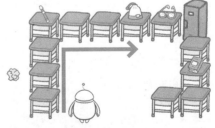

在佩洛走过的路上没有垃圾。对于"发现眼镜",没有说明是什么情况下、在哪里发现,所以无法作为条件使用。

2 个

因为这里是"而且",所以需要同时符合"纸团"和"白色纸团"这两个条件。

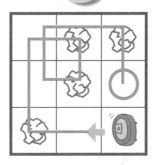

因为要"把房间都清扫一遍后停下来",所以在右上角的格子里收集完垃圾后再向右转,最终在前进1格的地方停下来。

③

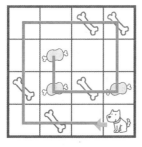

①和②都没有写出不符合条件时的指令,这样小狗碰到墙就不能移动了。

①

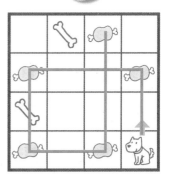

②和③在小狗碰墙的时候就不能移动了。

运用"或者"和"而且"的结果会相差很大哦。

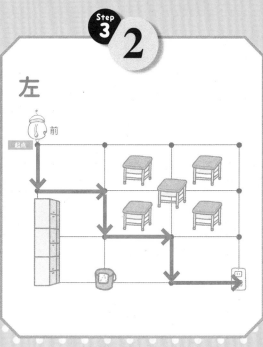

Step 3-3

右

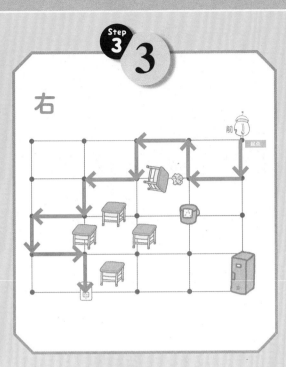

Step 3-4

左

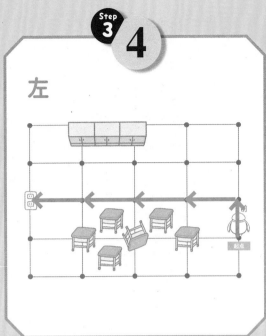

Step 4-1

①方形箱子

来看看放在推车里的箱子的共同点。车上没有筒形箱子，而有花纹的箱子和橙色箱子，所以不符合②和④的只回收其中一种的条件。

Step 4-2

排列起来后上面的内容是：思维力

方形箱子是这三个。

A、B：② 、③

（顺序可以不同）

编写程序

因为是"方形箱子"或者"球形箱子"，所以两种都要回收。

E、K

"筒形箱子"而且还是"橙色箱子"的是这两个。

E　　　　K

Step 5 ①

A：向左转

B：向前行进

C：公园

如果你有每天重复做的事情，或是固定时间做的事情，也可以试试"给自己编程"。

公园

自动售货机

报亭

便利店

水池

学校

Step 5 ②

（1）**A：✕**　　**B：○**

（2）**A：题目的正确答案是 ✕**

　　　B：答题人的回答是 ✕

你注意到了吗？实际上"答对显示○、否则（答错）就显示 ✕"这个写法和"答错显示 ✕、否则（答对）就显示○"说的是同一件事。编程并不是只有一个正确答案，你可以开动脑筋多多探索。

Step 5 3

(1)

题目的正确答案	A			B			C		
答题人的回答	A	B	C	A	B	C	A	B	C
屏幕显示	〇	✕	✕	✕	〇	✕	✕	✕	〇

(2) 错误的地方：**或者**

正确的回答：**而且**

我在悠大旁边看，也学到了不少呢。

咳咳咳咳!

本章内容小结

　　在本章中学习了"条件分支"的思维方式，即根据条件的不同，做或不做某个动作，或改为做其他动作；还学习了使用"或者"或"而且"等，用来把条件设置得更精确。

写给家长朋友

　　在日常生活中也经常会用到条件分支，可以通过梳理出适当的条件来思考几种不同的应对方法，在培养逻辑性思维能力的同时也可以练习灵活处理事情的能力。

藏在编程里的
思维力

提升创造能力

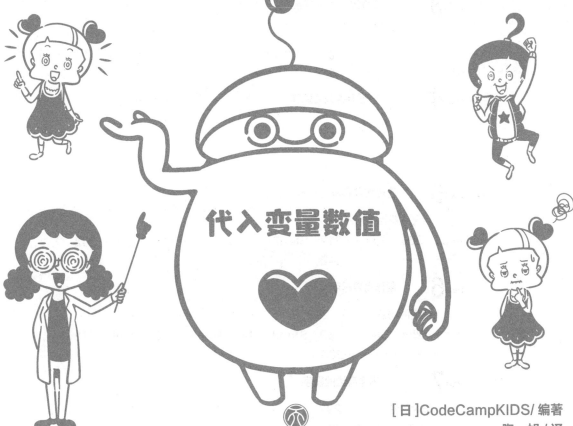

代入变量数值

[日]CodeCampKIDS/ 编著

陶 旭/译

天地出版社 | TIANDI PRESS

目录

变量

通过接收和发送数据来合作

在本章中可以学到的东西

变量好像是一个装数据的盒子，里面的数值可以用来计算或是在程序之间接收和发送；并且，变量还可以让别的程序使用。

图中按照纵轴和横轴方向分别标出了数字和符号，组合起来就可以确定具体的位置。请完成（1）、（2）两题。

（1）这个小镇用纵向字母和横向数字组合起来给每个区域起名字。请分别回答①－③三座建筑物所在区域的名字。

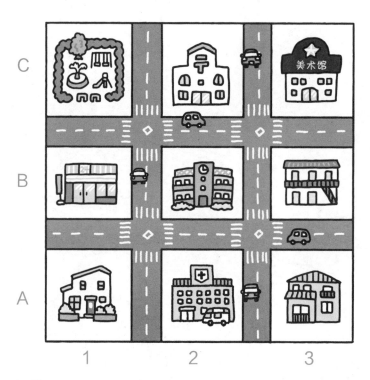

① 超市 _____

② 医院 _____

③ 美术馆 _____

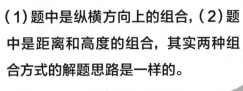

（1）题中是纵横方向上的组合，（2）题中是距离和高度的组合，其实两种组合方式的解题思路是一样的。

（2）下图中人和物的位置是用距离和高度来标注的，表示为（距离，高度）。在天台上招手的人的位置是（6,5）。请在下面的□中填入合适的数字。

乌鸦所在的位置是（1，□）

解答在第 242 页

Step 1 2

图中的鞋柜在横向和竖向上标注了数字，用（横，竖）的形式表示位置。请在图中圈出①－③位置上的鞋子。

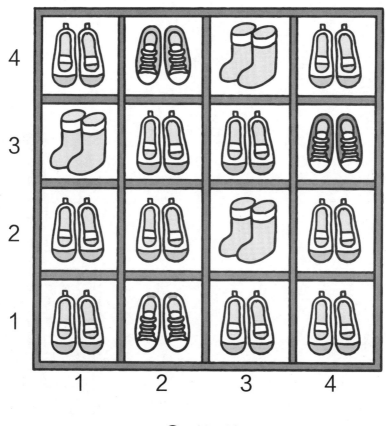

① （3, 2）

② （2, 1）

③ （1, 4）

解答在第 242 页

如果下图中的人和物的位置用（距离，高度）来表示，请在 A-C 的□中填写合适的数字。

通过接收和发送数据来合作

↑6
高度
5
4
3
2
1

0　　1　　2　　3　　4　　5　　6　　7

距离 ➡

A　大楼招牌的位置是（□，□）＊这里注意要写入相同的数字。

B　无人机所在的位置是（6，□）

C　开花的地点是（□，0）

Step 1

4

下图中物体的位置用（距离，高度）来表示。请在图中把①－③所表示位置上的物品圈出来。

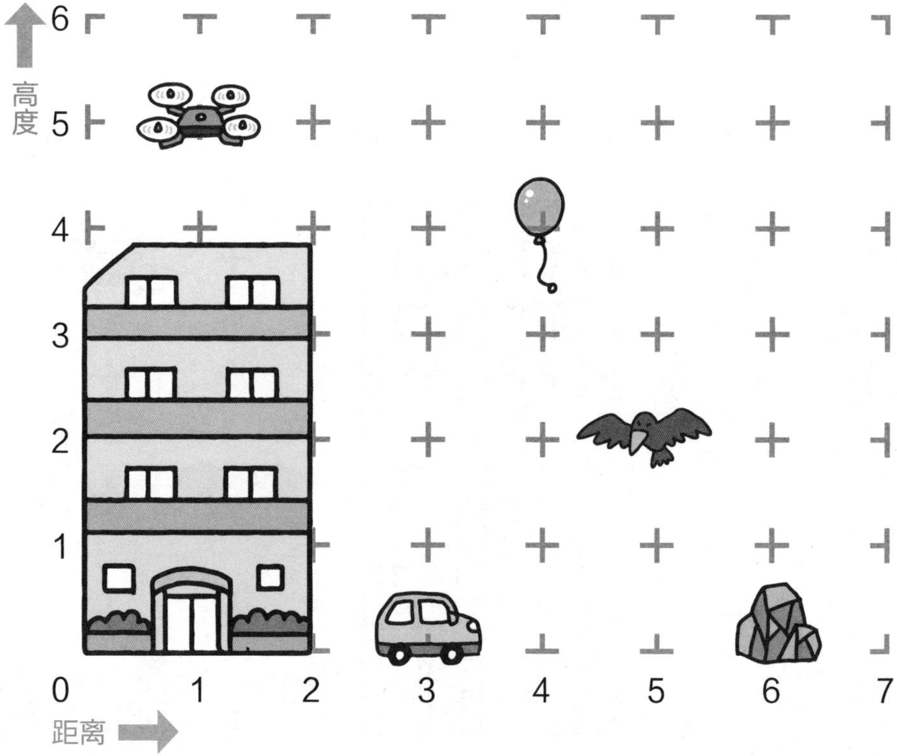

① (3, 0)

② (4, 4)

③ (5, 2)

解答在第 243 页

☀ **位置和地点的表示方法**

如果使用数字或符号组合起来表示位置或地点，那无论是人还是计算机都能准确地将信息传达清楚。

我们把用来确定位置或地点的数字组合称作"坐标"。

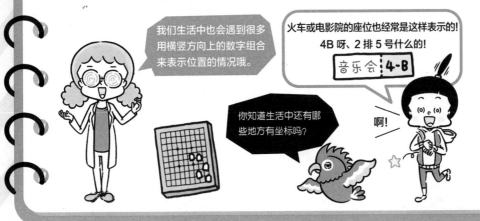

我们生活中也会遇到很多用横竖方向上的数字组合来表示位置的情况哦。

火车或电影院的座位也经常是这样表示的！4B 呀、2 排 5 号什么的！

音乐会 4-8

你知道生活中还有哪些地方有坐标吗？

啊！

通过接收和发送数据来合作

下面，在 Step2 中试试代入数值

下面来做让无人机飞起来的题目。把需要去的位置用坐标的数字指定出来。

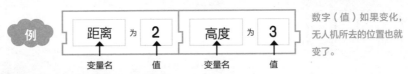

例　| 距离 | 为 | **2** |　| 高度 | 为 | **3** |

　　　变量名　　值　　　　变量名　　值

数字（值）如果变化，无人机所去的位置也就变了。

"变量"就好像是装数据（数值或字符串）的盒子。

在 Step3 和 Step4 中，还会学习可以与其他计算机或程序交换数据的变量的用法（消息）。

·········· 在 Step2-Step4 中使用的模块 ··········

消息 1

发消息

把消息发送出去。

消息 1

收到消息

如果收到同样编号的消息，就在这之后启动程序。

指定移动的距离，让无人机飞到乌鸦的位置。在 A、B 框中应该填什么数字呢？注意需要思考从起点移动多少距离。

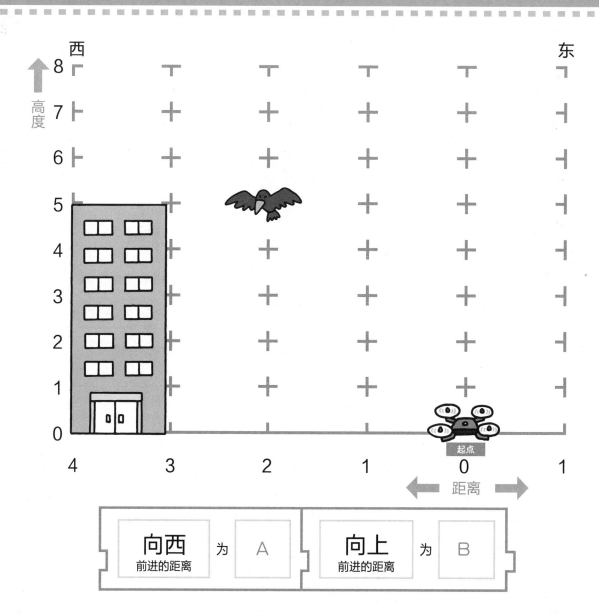

向西 前进的距离	为	A

向上 前进的距离	为	B

解答在第 243 页

指定移动的距离，让无人机飞到气球的位置。在 A、B 框中应该填什么数字呢？注意需要思考从起点移动多少距离。

通过接收和发送数据来合作

西   东

高度

8
7
6
5
4
3
2
1
0

起点

2   1   0   1   2   3

距离

超市

向东 前进的距离	为	A
向下 前进的距离	为	B

无人机在飞行过程中，如果遇顺风就会前进1格，如果遇逆风就会倒退1格。如果出发后如下图的状态前进，请从①－④中找出到达的位置。

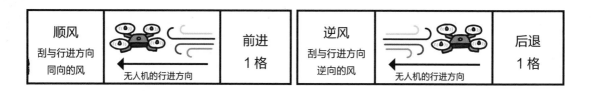

顺风 刮与行进方向同向的风	无人机的行进方向	前进 1格	逆风 刮与行进方向逆向的风	无人机的行进方向	后退 1格

向西 前进的距离	为	2	向下 前进的距离	为	4

在（1，4）位置时刮逆风

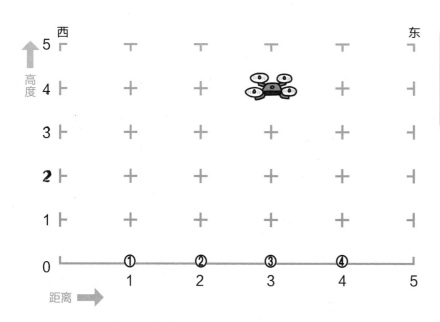

这个练习是改变变量中的值。如果是顺风，就在行进方向上加1，如果是逆风，就在行进方向上减1，之后再确定落地的地方。

解答在第243页

无人机在飞行过程中，如果遇顺风就会前进 1 格，如果遇逆风就会倒退 1 格。如果出发后如下图的状态前进，请从 ①－④ 中找出到达的位置。

顺风		前进 1 格	逆风		后退 1 格
刮与行进方向同向的风	无人机的行进方向		刮与行进方向逆向的风	无人机的行进方向	

向东 前进的距离	为	3	向下 前进的距离	为	3

在（2，3）位置时刮顺风

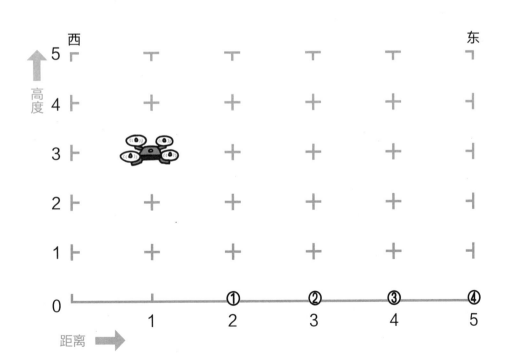

西　　　　　　　　　　　　　　　　　　东

高度

5
4
3
2
1
0　①　②　③　④
　1　2　3　4　5

距离 ➡

无人机在飞行过程中，如果遇顺风就会前进1格，如果遇逆风就会倒退1格。如果出发后如下图的状态前进，请从①－④中找出到达的位置。

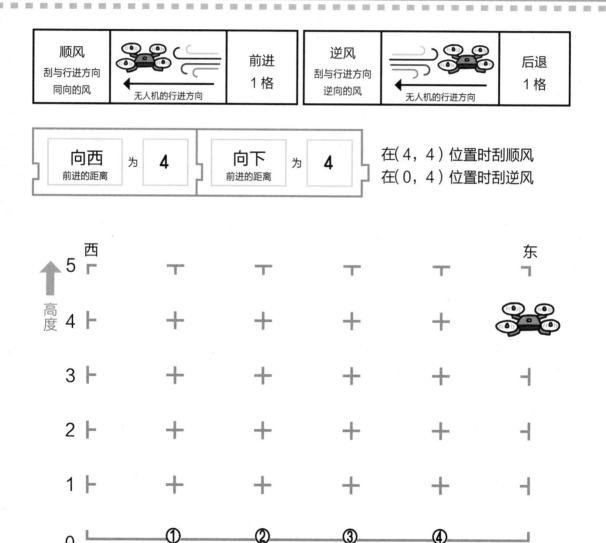

| 顺风
刮与行进方向
同向的风 | | 前进
1格 | | 逆风
刮与行进方向
逆向的风 | | 后退
1格 |

无人机的行进方向

无人机的行进方向

向西 前进的距离 为 **4**　　向下 前进的距离 为 **4**

在（4，4）位置时刮顺风
在（0，4）位置时刮逆风

西　　　　　　　　　　　　　　　东
高度
距离

佩洛

出发。

我现在出发。

* 生活中如果要使用无人机，一定要注意在一些区域需要预先获得相关部门批准。

有关密码提示的习题。机器人 A 和机器人 B 互相发送"消息"执行下图的程序。请把它们走过的格子里的字按顺序连起来再写下来。

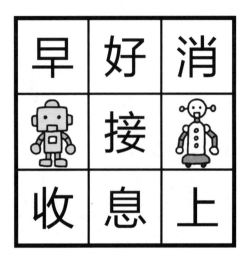

连起来的内容

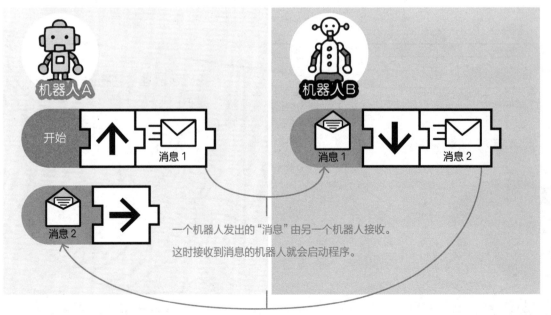

一个机器人发出的"消息"由另一个机器人接收。
这时接收到消息的机器人就会启动程序。

解答在第 244 页

2 机器人A和机器人B互相发送"消息"执行下图的程序。请把它们走过的格子里的字按顺序连起来再写下来。

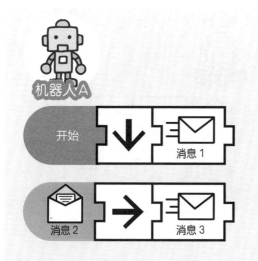	编	接	思	据
非	感	数	收	序
考	程	谢	常	

连起来的内容

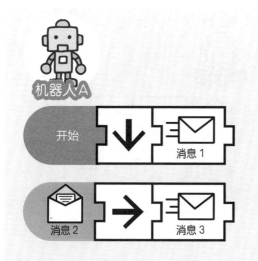

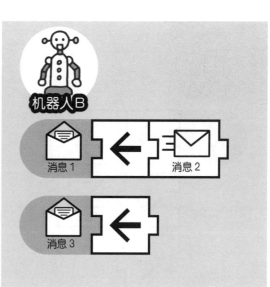

机器人 A 和机器人 B 互相发送"消息"执行下图的程序。
请把它们走过的格子里的字按顺序连起来写下来。

	让	想	真	心
了	费	认	象	您
思	力	吧	考	

连起来的内容

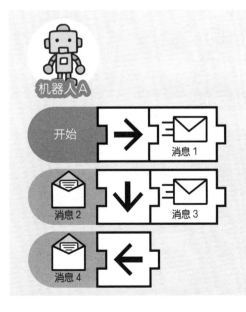

机器人A

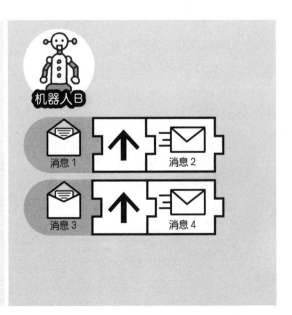

机器人B

解答在第245页

机器人 A 和机器人 B 互相发送"消息"执行下图的程序。
请把它们走过的格子里的字按顺序连起来再写下来。

	思	形	的	象
实	过	不	意	在
想	维	动	去	

连起来的内容

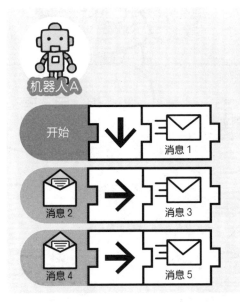

机器人A

开始 ↓ 消息1

消息2 → 消息3

消息4 → 消息5

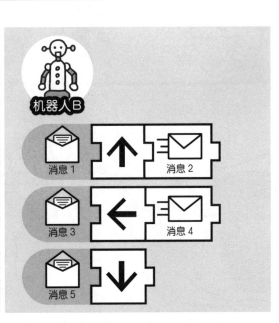

机器人B

消息1 ↑ 消息2

消息3 ← 消息4

消息5 ↓

佩洛

无人机解锁了。

非常感谢。这是哪里呀？旁边有个公园。

太好了！

"应该已经到中心公园了，离家很近了。"

佩洛

无人机发来了信号。

我感觉无人机好像发了什么消息。

哦哦！

无人机我们之后再去取，你现在赶快回来吧。

不对，**等等！**

"我现在让你可以跟无人机交换消息。"

啊呀！

哎哟！

我们不如过去取回来比较快呀……

发送！

这是两个机器人合作编程的练习。请使用①－④中的词语，让机器人 A 和机器人 B 做成语接龙游戏。请选出填在程序中"？"处的成语。

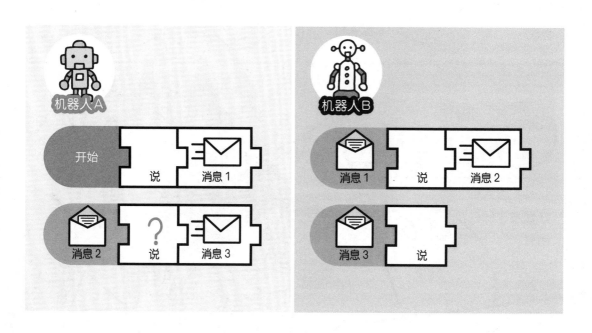

①山高水远　②万水千山　③飞沙走石　④远走高飞

解答在第 245 页

这是两个机器人合作程序的练习。请使用①—⑤中的词语，让机器人 A 和机器人 B 做成语接龙游戏。请选出填在程序中"?"处的成语。

通过接收和发送数据来合作

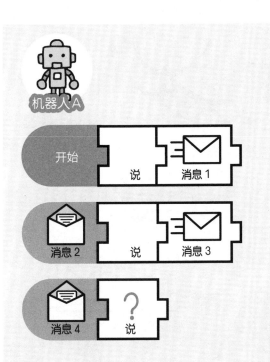

机器人A

| 开始 | 说 | 消息1 |

| 消息2 | 说 | 消息3 |

| 消息4 | ？说 |

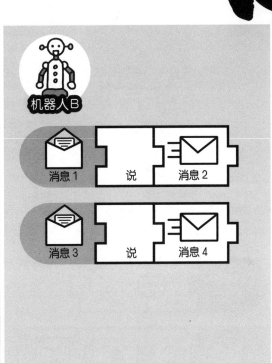

机器人B

| 消息1 | 说 | 消息2 |

| 消息3 | 说 | 消息4 |

①天罗地网　②行云流水　③热火朝天
④网开一面　⑤水深火热

机器人 A 和机器人 B 合作打年糕，机器人 A 打年糕、机器人 B 翻年糕。请从①－③中找出应该填入程序中 A-C 处的动作。

机器人A

机器人B

臼里放了年糕 | A → 消息1

消息2 | C A → 消息1

消息1 | B → 消息2

①翻年糕　②抬起杵　③砸年糕

A

B

C

解答在第246页

机器人 B 的工作是迎接客人，它根据暗语开门或关门。
请从①－③中找出应该填入程序中 A-C 处的动作。

机器人A

| 到达门前 | 说 "芝麻开门" | 消息 1 |

| 消息 2 | B | 说 "芝麻关门" | 消息 3 |

机器人B

| 消息 1 | A | 消息 2 |

| 消息 3 | C |

①关门　②开门　③进门

| A | B | C |

机器人 A 和机器人 B 配合起来给客人准备冰激凌。请从
① - ④中找出应该填入程序中 A-D 处的动作。

①拿杯子　　　　②交给客人

③说"欢迎光临"　④把冰激凌放入杯子

A	B	C	D

解答在第246页

☀ 变量的值是可以更换的

变量的值可以替换为别的值，也可以用这个值做计算。

在无人机的题目中，例如

向西	为	3
前进的距离		
变量名		值

等情况下，可以写入需要移动的距离数值，来让无人机运行。

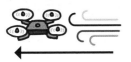

你有没有发现，顺风或逆风条件下会让无人机的位置发生变化？

顺风在行进方向上加 1，逆风在行进方向上减 1。

☀ 可以与其他程序交换数据

机器人 A 和机器人 B 虽然是两个个体，但它们彼此间可以通过发送消息来合作。也就是说，如果给游戏编程，那就可以用这个方法让各个角色交谈起来了。

我们一起走吧。

好的!

下面，把这部分学过的内容综合运用来解习题

在前面部分我们做了下列练习。

★位置或地点表示方法的习题

★替换值的习题

★多个程序之间消息沟通的习题

从下一页开始，可以挑战把本部分内容综合起来的习题了。

用 100 元买番茄、香蕉、草莓。蔬果店和超市的价格各有不同。

价格表	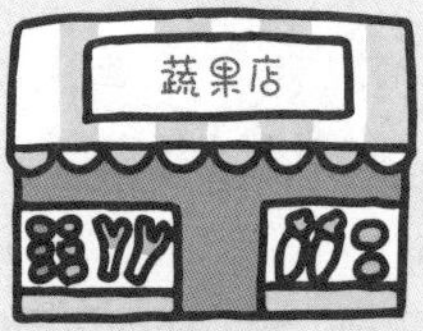 蔬果店	 超市
 番茄	1盒 30元	1盒 20元
 香蕉	1把 10元	1把 15元
 草莓	1盒 50元	1盒 45元

即使是同样的水果，在不同的店里售价也会有所不同（值的替换），可以买到的数量也会发生变化。这个题目就是练习这个的。

（1）如果在蔬果店花完100元，可以买什么，各买多少？

※ 正确答案有7种。不一定每种都要买。

番茄							
香蕉							
草莓							

（2）如果在超市花完100元，可以买什么，各买多少？

※ 想一想正确答案有几种，不一定要填满下列所有格子。

番茄							
香蕉							
草莓							

解答在第247页

到回转寿司店吃饭，寿司每 1 秒有 1 盘转到面前。寿司按照固定的顺序排列。

可乐　乌冬面　荞麦面　味噌汤　干炸鸡块　蒸蛋羹

甜虾寿司　金枪鱼糜卷　鸡蛋寿司　金枪鱼寿司　鲑鱼籽寿司　三文鱼寿司　甜虾寿司

三文鱼寿司　鲑鱼籽寿司　金枪鱼寿司　鸡蛋寿司

寿司按照这个顺序重复排列

金枪鱼糜卷　甜虾寿司　三文鱼寿司　鲑鱼籽寿司　金枪鱼寿司　鸡蛋寿司　金枪鱼糜卷

要注意根据隔几秒取一次的条件，通过改变秒数,得到的结果（取到寿司的种类）也会不同。

Part **5**

通过接收和发送数据来合作

（1）取走面前的金枪鱼寿司后下一盘金枪鱼寿司转过来是几秒后？

秒后

（2）取走面前的金枪鱼寿司以后，改为每5秒取一盘，取到所有品种的寿司需要多少秒？

秒

小提示

●先要数一数一共有多少种寿司。

（3）取走面前的金枪鱼寿司以后，改为每2秒取一盘，有多少种寿司总是取不到？

种

解答在第247页

235

来回转寿司店吃饭，寿司每 1 秒有 1 盘转到面前。寿司按照固定的顺序排列。

可以来想一想, 取完面前的金枪鱼寿司以后几秒取一盘、一共取几次。

按照下图的程序取盘子, 请按顺序回答取到的寿司品种。最开始取盘子的间隔是 2 秒。

程序

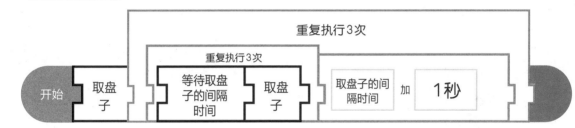

拿到寿司的顺序

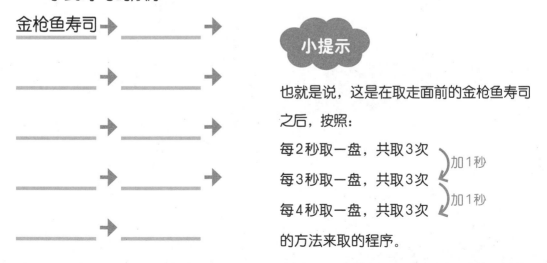

金枪鱼寿司 ➡ _____ ➡ _____

_____ ➡ _____ ➡ _____

_____ ➡ _____ ➡ _____

_____ ➡ _____ ➡ _____

_____ ➡ _____

小提示

也就是说, 这是在取走面前的金枪鱼寿司之后, 按照:

每 2 秒取一盘, 共取 3 次

每 3 秒取一盘, 共取 3 次

每 4 秒取一盘, 共取 3 次

的方法来取的程序。

加 1 秒

加 1 秒

Step 1 ①

(1) ① **B1** ② **A2**
③ **C3**

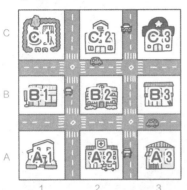

(2) 2

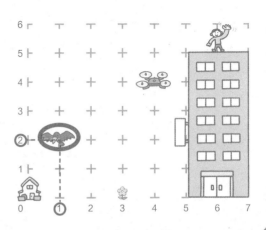

Step 1 ②

①  ② ③

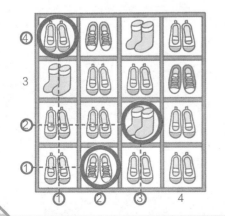

Step 1 ③

A : 2, 2   B : 4   C : 1

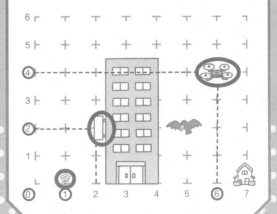

Step 1 · 4

Step 2 · 1

A：2　B：5

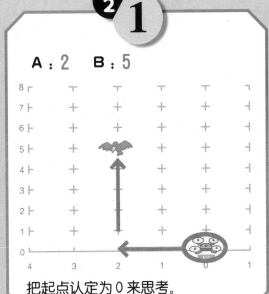

把起点认定为 0 来思考。

Step 2 · 2

A：2　B：1

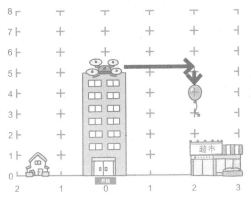

Step 2 · 3

向西前进 2 格，但遇到逆风，所以退回 1 格再继续向下前进。

Part **5**

通过接收和发送数据来合作

④

向东前进的距离是3格，但因为顺风所以又多前进1格。

①

向西前进的距离为4格，但因遇到顺风而前进到了（0，4），在这里又遇到逆风回到了（1，4），最后在①落地。

早上好

早 →	好	消
机器人	接	机器人
收	息	上

非常感谢

机器人	编	接	思	据
非 →	感	数	收	序
考	程	谢 ←	常 ←	机器人

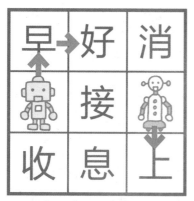

Step 3

让您费心了

→让	想	真	心
了←	费	认 象	您
思	力	吧 考	

Step 4

实在过意不去

	思	形 的	象
实→	过→	不	意← 在
想	维	动	去

Step 4

①

④远走高飞

开始 ②万水千山 说 消息1
消息1 ①山高水远 说 消息2
消息2 ④远走高飞 说 消息3
消息3 ③飞沙走石 说

Step 4

②

④网开一面

开始 ②行云流水 说 消息1
消息1 ⑤水深火热 说 消息2
消息2 ③热火朝天 说 消息3
消息3 ①天罗地网 说 消息4
消息4 ④网开一面 说

Step 4 — 3

A：②抬起杆

B：①翻年糕

C：③砸年糕

在机器人 A 抬起杆的时间里，机器人 B 可以翻年糕。

Step 4 — 4

A：②开门

B：③进门

C：①关门

"芝麻开门"和"芝麻关门"是暗语，机器人 B 收到这个消息后会开关大门。

Step 4 — 5

A：③说"欢迎光临"

B：①拿杯子

C：④把冰激凌放入杯子

D：②交给客人

Step 5 1

(1)

番茄	3	2	1	1	0	0	0
香蕉	1	4	7	2	10	5	0
草莓	0	0	0	1	0	1	2

(2)

番茄	5	2	2
香蕉	0	4	1
草莓	0	0	1

Step 5 2

(1) 6 秒后　　(2) 25 秒

(3) 3 种（鲑鱼籽寿司、甜虾寿司、鸡蛋寿司）

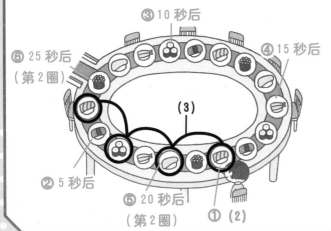

③ 10 秒后

⑥ 25 秒后
（第 2 圈）

④ 15 秒后

(3)

② 5 秒后

⑤ 20 秒后
（第 2 圈）

① (2)

(2)

寿司一共有 6 种。开始已经取了金枪鱼寿司，所以再取 5 种就可以了。

(3)

因为一直是"金枪鱼寿司→三文鱼寿司→金枪鱼糜卷→金枪鱼寿司"的重复，所以鲑鱼籽寿司、甜虾寿司、鸡蛋寿司这三种总是取不到。

Step 5 3

三文鱼寿司、金枪鱼糜卷、金枪鱼寿司、甜虾寿司、金枪鱼寿司、甜虾寿司、鲑鱼籽寿司、鸡蛋寿司、甜虾寿司

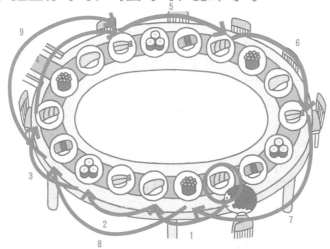

本章内容小结

　　本章中学习了"变量"和"消息"，同时作为准备知识，还使用了坐标。"变量"就像可以放入一个数值或字符串等数据的盒子。在实际编程中，通常是在指定处理次数或条件的时候存取这里的值，也用于计算；还可以换入新的值。小朋友如果理解了值的替换以及与别的程序交换值的概念，本章的学习就完成了。

写给家长朋友

藏在编程里的
思维力

编程综合能力飞跃

编程高手养成

[日]CodeCampKIDS/ 编著

陶 旭/译

天地出版社 | TIANDI PRESS

目录

Part6

算法

制作高效程序

在本章中可以学到的东西

本章中，除了复习之前学过的内容，还要思考、练习制作效率高的程序，并且还会讲到将程序的处理进行图表化的"流程图"。

我们先来复习之前做过的各种习题。下面是无人机从起点出发，绕开大楼后在家门前落地的程序。请在程序中的 A-C 处填入合适的数字。

程序

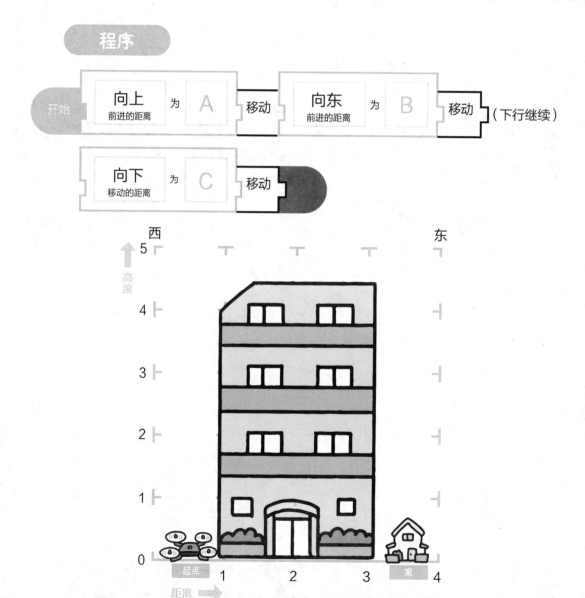

开始 向上 前进距离 为 A 移动 向东 前进的距离 为 B 移动 （下行继续）

向下 移动的距离 为 C 移动

西 　 东

高度 5

4

3

2

1

0

距离 ➡

起点 1 2 3 家 4

这类题目已经做了很多次了，
挺容易的。

制作高效程序

模块说明

移动　这是指无人机移动。

操作无人机……
太热了……

无论是从格子线的交点移动到交点，还是从格子的中心移动到中心，这两种移动方式的移动距离是一样的。

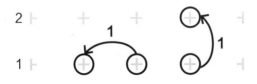

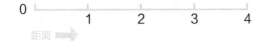

高度

距离 ➡

没想到佩洛真的能回来……

A　　　B　　　C

255

解答在第286页

机器人按照程序前进，会读出路过的格子里的字。在①－④中有两个程序可以读出两段话，请分别回答这两个程序的编号和读出来的内容。

考	需	要	思
制	🤖	更	加
作	力	心	细
高	效	程	序

① 开始 ← ↓ ↓ → → →

② 开始 → → ↓ ↓ ← ↑

③ 开始 ↓ → ↑ → ↓ ↓

④ 开始 ↑ → ↓ → ↓ ←

☐ 读出的内容 _____   ☐ 读出的内容 _____

解答在第286页

搜索机器人从起点开始按照程序行进，它会到达①－④中哪个终点?

程序

开始

到达终点前重复执行

如果

有梯子

就

←

↓

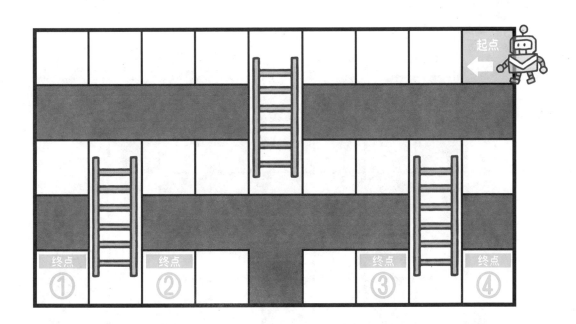

4 仔细看下面的迷宫，每当机器人 A 到达有☆的格子时，机器人 B 就会转动操作杆，让机器人 A 向右转。在执行下图中的程序时，机器人会最先通过①－⑥中的哪个格子？

程序

机器人A

到达格子 如果 有☆的格子 就 消息1 否则就 向前行进

消息2 向前行进 如果 有☆的格子 就 消息1 否则就 向前行进

机器人B

消息1 在☆的格子 向右转 消息2

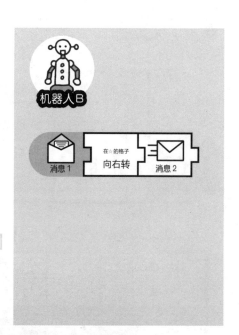

	①				④	
②	☆		☆		☆	⑤
	③				⑥	
			↑ 前			
			起点			

解答在第 286 页

在 Step1 中学到的内容

 复习

前五册学习过的内容

- [ ] 计算机和机器人是按照收到指令的顺序一个一个执行的
- [ ] 发出"重复执行"的方法
- [ ] 根据条件改变执行的内容
- [ ] 可以在变量里放入和更换数据
- [ ] 通过交换消息来让多个程序运行

都想起来了吧！

并且，我们还做了把以上各内容组合起来的习题。

下面，在 Step2 中按照步骤完成题目

"流程图"是把程序的过程画成了图，我们看着这些步骤完成习题。在实际编程之前，如果画出流程图来整理思路，编程就更容易了。

本书会按照如下规则画出流程图

	开始和结束
是　　　　否	条件（用"是"和"否"分开两路）
	处理　（执行内容）
重复执行，直到……	重复执行圈内的处理部分

Step 2 1

从起点出发，按照下面的流程图逐个格子行进，请在图中画出回家的路线。

※ 灰色的格子及有障碍物的格子不能通行。

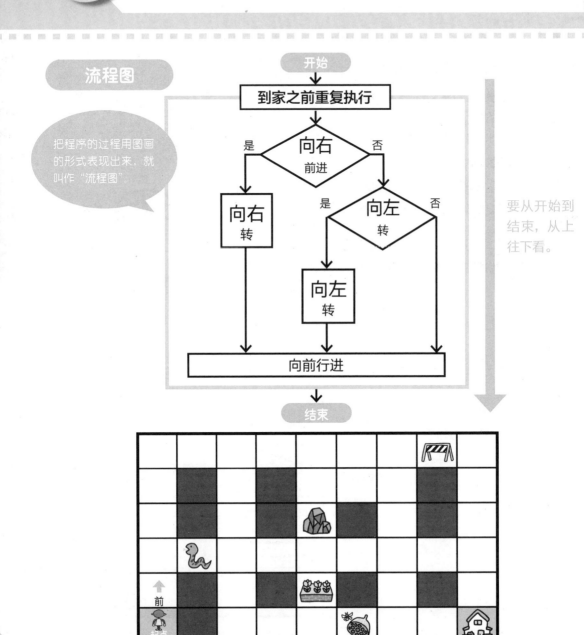

流程图

把程序的过程用图画的形式表现出来，就叫作"流程图"。

要从开始到结束，从上往下看。

260

解答在第 286 页

机器人从地下的起点出发，按照下面的流程图逐个格子行进，要走到地下的出口。请在图中画出机器人走过的路线。

流程图

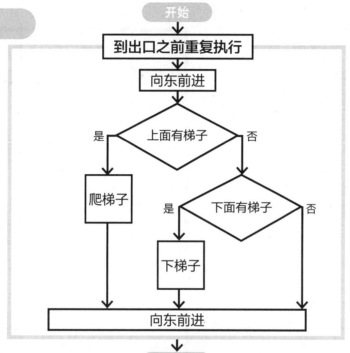

西　　　　　　　　　　　　　　　　东

机器人从起点出发，按照下面的流程图逐个格子行进直到终点。请从①－④中选出合适的内容填入 A–C 中。

※ 有障碍物的格子不能通过。

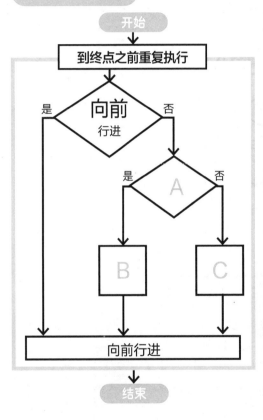

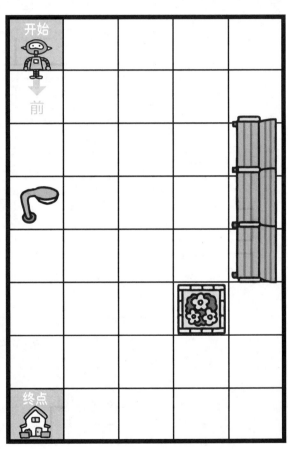

① 向左转 90°

② 向右转 90°

③ 向右前进

④ 向后前进

A	B	C

4

这台只会向右转的扫地机器人，要按照下面的流程图走向终点。请从①－④中选出合适的内容填入 A-C 中。

※ 不能回到已经扫过的格子。

流程图

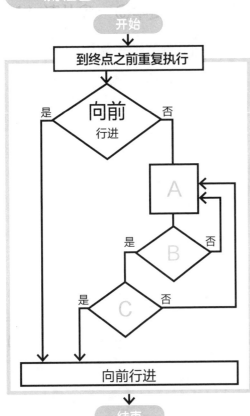

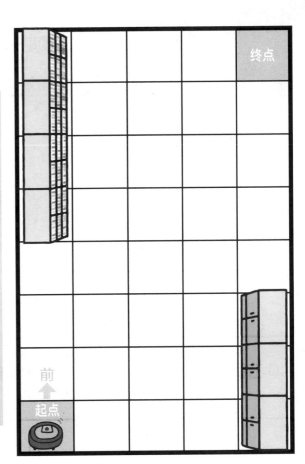

① 前一个格子还没有清扫

② 向右转90°

③ 向前行进

④ 向后行进

A	B	C

下面的流程图为机器人自己判断红绿灯的颜色来过马路的程序。请从①－③中选出合适的内容填入 A、B 中。

流程图

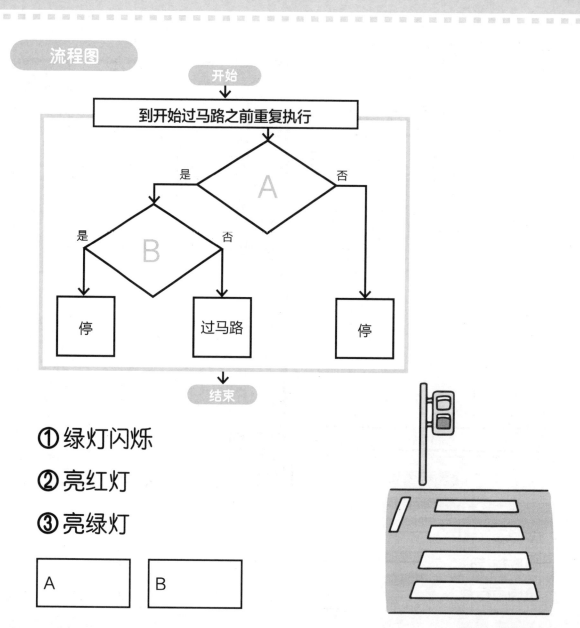

开始

到开始过马路之前重复执行

是　　A　　否

是　　B　　否

停　　过马路　　停

结束

① 绿灯闪烁

② 亮红灯

③ 亮绿灯

A	B

解答在第287页

在 Step2 中学到的内容

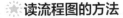 **读流程图的方法**

流程图是从开始处从上往下按照执行程序的过程画成的。需要注意按照箭头的顺序来看。

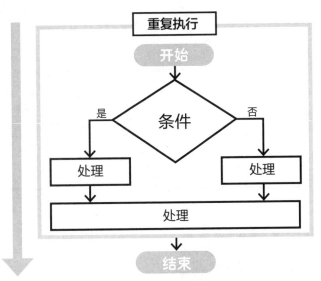

Part **6**

制作高效程序

下面，在 Step3 中练习找到最佳步骤的习题

在这一部分里我们做下列练习。

> ★思考最佳效率的习题
>
> ★思考尽量减少执行步骤的习题

例如，之前我们如果遇到前进 100 步的程序，可能会发出 100 次"前进 1 步"的指令，如果把它转换成"重复执行 100 次前进 1 步"，那就会节省时间和操作步骤，效率更高了。

265

试试给下列料理的制作步骤写出程序。下图中的章鱼小丸子料理机每次可以做 8 个小丸子。如果每盒放 4 个小丸子，需要做 4 盒的时候，请在下图程序中的 A–C 中填入合适的数字。

程序

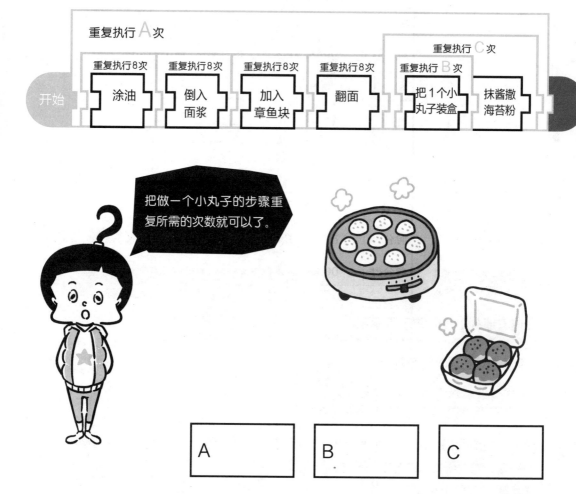

重复执行 A 次

重复执行 C 次

重复执行 8次　重复执行 8次　重复执行 8次　重复执行 8次　重复执行 B 次

开始　　涂油　　倒入面浆　　加入章鱼块　　翻面　　把1个小丸子装盒　　抹酱撒海苔粉

把做一个小丸子的步骤重复所需的次数就可以了。

A

B

C

下图为特制汉堡包的制作程序。如果从下往上逐层加食材，请写出 A 代表的数字和 B 代表的食材。

程序

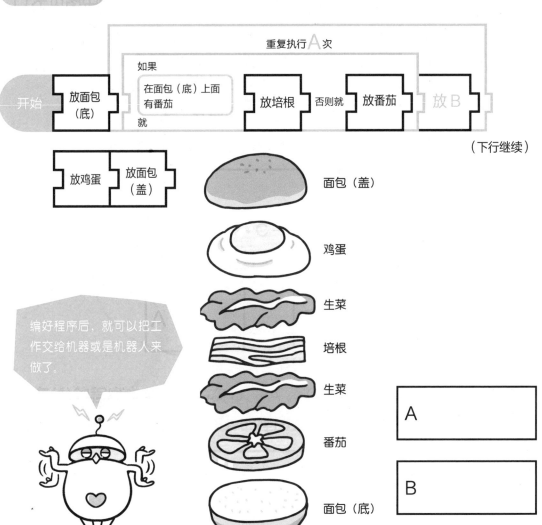

重复执行 A 次

如果
在面包（底）上面有番茄
就 → 放培根
否则就 → 放番茄
放 B

（下行继续）

放鸡蛋　放面包（盖）

开始 → 放面包（底）

面包（盖）

鸡蛋

生菜

培根

生菜

番茄

面包（底）

编好程序后，就可以把工作交给机器或是机器人来做了。

A	
B	

如图所示，要把奶酪切3刀后平均分成8份。请从①－⑤中选出3个切下位置。正确答案有两组。

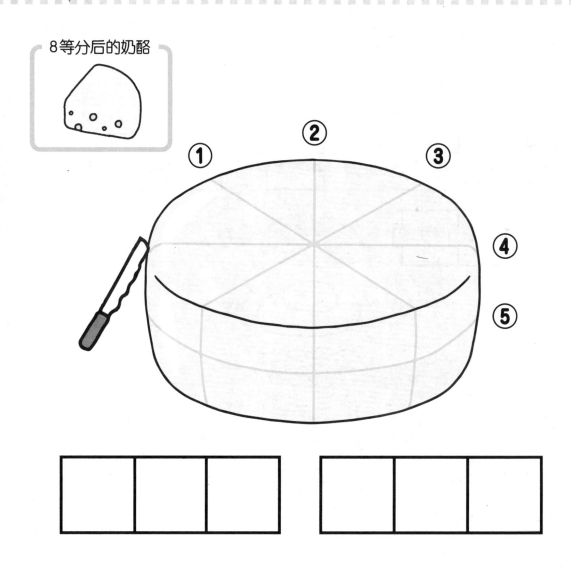

8等分后的奶酪

解答在第288页

4 配送机器人的行动程序按照如下规则完成，请在"今日计划"的（　）里写下机器人通过的顺序编号。

规则

先送件后收件

在同一层里先去离楼梯近的人家

只上一次楼，从低楼层到高楼层

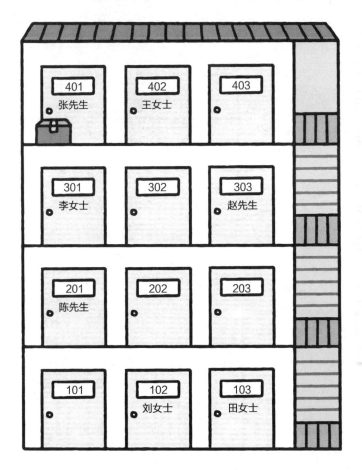

今日计划

送件

（　）陈先生

（　）李女士

（　）王女士

（　）刘女士

（　）赵先生

（　）田女士

收件

（　）张先生

271

Step 4

1

佩洛从箭头方向出发要走遍 6 个房间。请从①－③中选出可以最高效率走完所有房间的程序。

※ 已经去过的房间不能再去。

起点

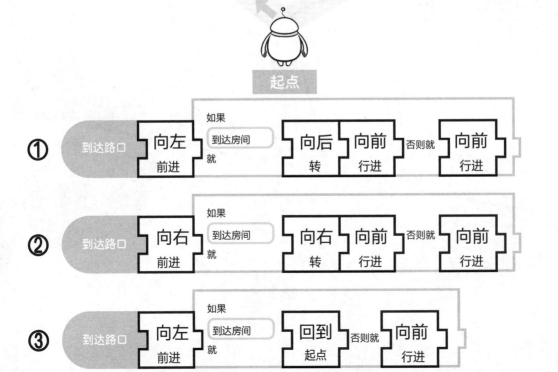

解答在第 288 页

小老鼠从房间出来后按照如下的程序去各个房间。请回答有奶酪的房间是它到达的第几个房间。

程序

到达路口　向右 前进　如果 到达房间 就　向后 转　向前 行进　否则就　向前 行进

```
第　　　　　个房间
```

通过佩洛回答的两个问题，猜出它选了哪块饼干，并圈出来。

佩洛选的饼干是双色的吗？

不是

佩洛选的饼干是心形的吗？

不是

如果能通过提问排除掉一半（4个里面的2个）的对象，那就可以尽快找到正确答案了。

佩洛选的饼干是

解答在第288页

4

莫塔从 8 块糖中选 1 块,它回答问题的时候只回答"是"或者"不是"。如果提三个问题,请从①－④中找出分别应该填入 A-D 的提问。

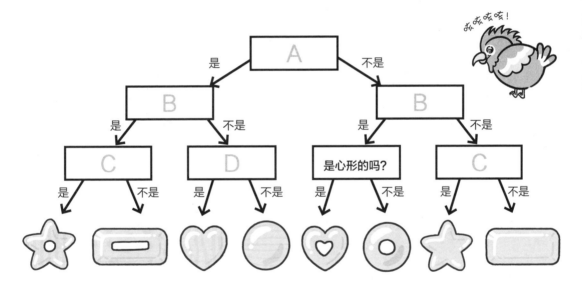

①糖是星形的吗?

②糖上面有洞洞吗?

③糖上面有花纹吗?

④糖是心形的吗?

解答在第288页

下图中□里的数字为步行走过这条路所需要的时间（分钟）。
请回答（1）、（2）两题。

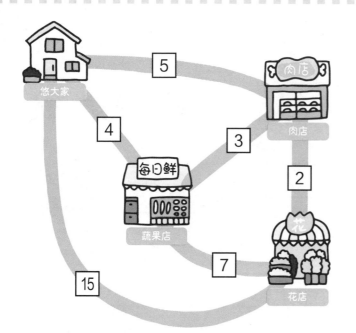

购物单

★ 到肉店买鸡肉、牛肉、
  猪肉

★ 到蔬果店买胡萝卜、洋
  葱、土豆

★ 到花店买非洲菊

（1）从悠大家到花店最快需要走多少分钟？

分钟

（2）悠大要帮家里买东西，从家出门后要把所有东西买完最快用多少分钟？

※ 在店里买东西的时间忽略不计。

分钟

☀️ **需要思考是不是能用较少的步骤解决**

如果按照①－④的顺序切 4 刀也是可以将奶酪 8 等分的。但我们发现，实际上只需要用 3 刀就够了。

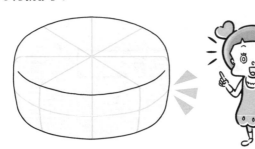

> 先把上下分开，之后的两刀也会容易切一些。

实际编程中会写大量的指令，其中有很多不同的组合，这时选择可以获得同样结果，但效率最高的思维方式就很重要了。

步骤少的程序不仅可以降低出错的可能性，还可以缩短执行时间。

这种思维方式对于我们日常生活中做事情或是定计划等也会很有帮助，还可以起到节约时间的作用。

下面，我们用本部分学到的能力来解习题

在前面部分里我们做了下列练习。

> 采用效率高的步骤可以派更多的件！

★ 高效的步骤及建立程序的题目

★ 读懂流程图的题目

从下一页开始，我们把本部分学过的内容综合运用起来解题。

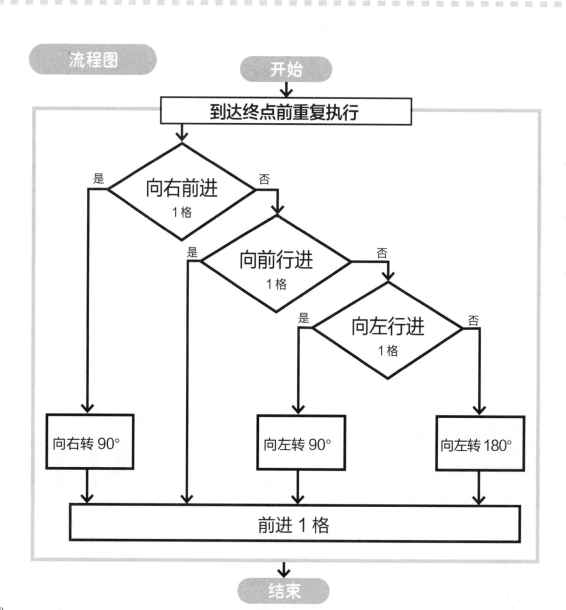

在起点位置上有一台面朝东的编程小车，请在图中画出执行如下程序后小车经过的路线。

※ 有障碍物的格子无法通过。

流程图

开始

到达终点前重复执行

向右前进
1格

是　　否

向前行进
1格

是　　否

向左行进
1格

是　　否

向右转 90°

向左转 90°

向左转 180°

前进 1 格

结束

终点

西

东

制作高效程序

起点

下图中□里的数值表示每条道路步行所需要的时间（分钟）。
请完成（1）、（2）两题。

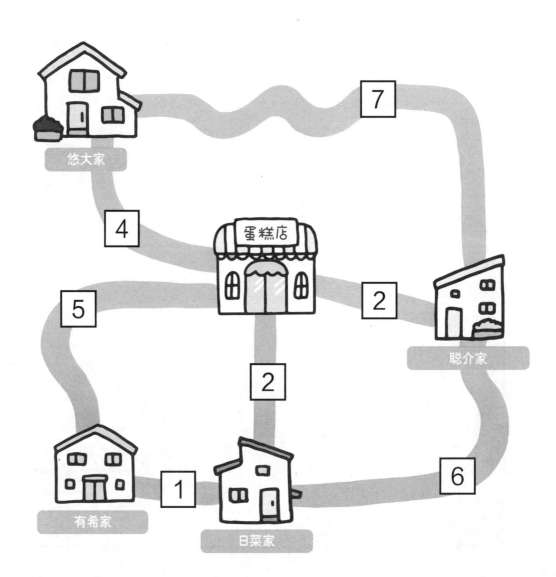

每条路可以重复走很多次。蛋糕几点去买都可以。

（1）悠大要先去聪介家，和聪介一起去日菜家玩，最快的路线几分钟可以到达，请从①－④中选择。

① 13分钟　　② 12分钟

③ 11分钟　　④ 10分钟

最快

（2）有希在去悠大家之前要把字条上写的事做完，请问她最快几分钟可以到悠大家？

※ 商店几点都不会关门

字条

★去聪介家和日菜家找上他俩

★去买蛋糕

分钟

机器人要从下面的立体形状中选出一个，请通过三个问题猜出机器人选的是哪个立体形状。机器人回答问题时只能回答"是"或者"否"。

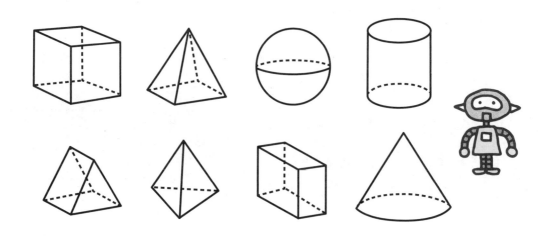

如右图所示，在向机器人提问时，请从①－⑥中找出适合填在 A－D 的问题。

①有角（顶点）吗？　　　　　　⑤至少有5个平面吗？

②是8个角（顶点）吗？　　　　　⑥有三角形的面吗？

③有1个平面吗？　　　　　　　　⑦有3个四边形的面吗？

④有2个平面吗？　　　　　　　　⑧每个面的形状都相同吗？

无论机器人选择哪个立体形状，都可以用三个问题猜出来。

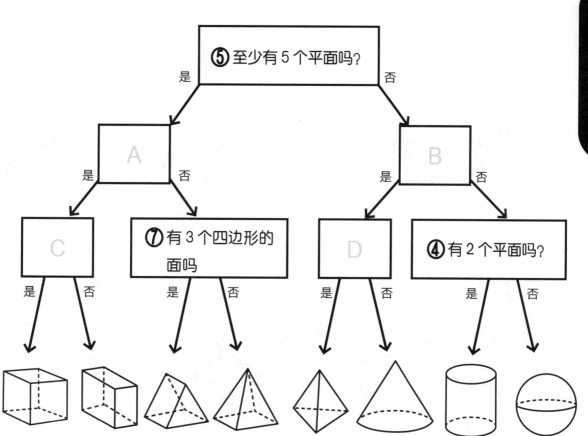

解答在第 290 页

Step 1 — 1

A：4

B：3

C：4

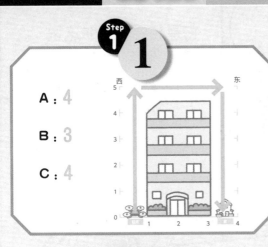

Step 1 — 2

读出的内容　　　读出的内容

①制作高效程序 ④需要更加细心

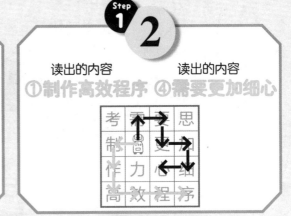

Step 1 — 3

①

Step 1 — 4

⑥

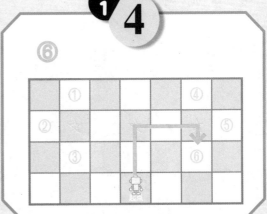

Step 2 — 1

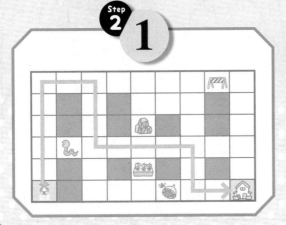

Step 2 — 2

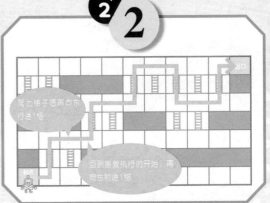

爬上梯子后再向东行进1格

回到重复执行的开始，再向东前进1格

Step 2 3

A : ③

B : ②

C : ①

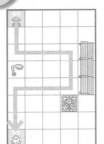

Step 2 4

A : ②

B : ③

C : ①

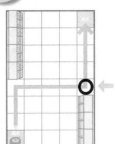

Step 2 5

A : ③   B : ①

因为条件是"到开始过马路之前重复执行",所以如果红绿灯没有变绿或是在闪烁,则等待的人还得回到 A,重复确认直至"过马路"。

在Step2-4中,扫地机器人在圆圈处转向了3次!

Step 3 1

A : 2

B : 4

C : 2

Step 3 2

A : 2

B : 生菜

⑤、①、③ （序号的顺序不同也是对的）

⑤、②、④ （序号的顺序不同也是对的）

不过，如果从⑤开始切，后面会比较容易切。

（3）陈先生　　（5）李女士

（6）王女士　　（2）刘女士

（4）赵先生　　（1）田女士

（7）张先生

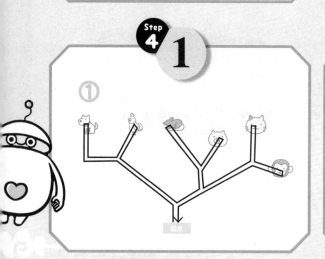

第 4 个房间

佩洛选的饼干是：

不是双色的　　不是心形的

A：③　　B：②　　C：①　　D：④

如果观察糖的排列顺序可以发现，有花纹的糖都排在左边，没有花纹的都排在了右边。这就可以判断第一个问题是关于有没有花纹的。

Step 4 — 5

(1) 7分钟 (2) 16分钟

(2)
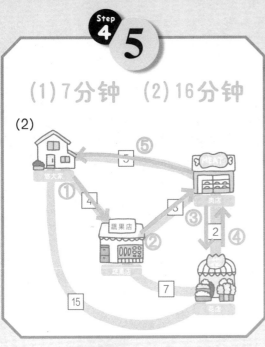

Step 5 — 1

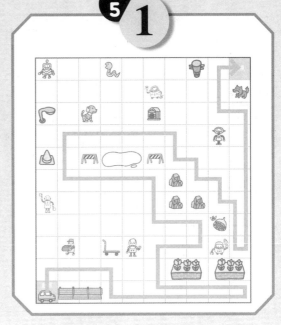

Step 5 — 2

(1) ④ 10分钟 (2) 11分钟

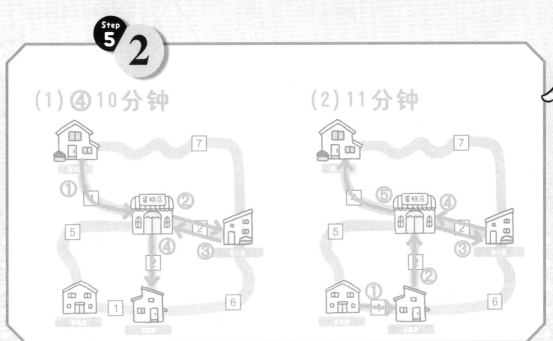

A：②

B：①

C：⑧

D：⑥

写给家长朋友

这道题对有的小朋友来说可能会比较困难。可以通过看问题的结果（立体形状），试着找一找排列的立体形状的不同之处。

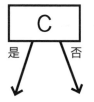

相同点

②有8个角（顶点）

⑤至少有5个平面

不同点

⑧每个面的形状都相同

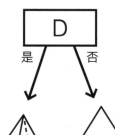

相同点

①有角（顶点）

⑤平面不超过5个

不同点

⑥是否有三角形的面

本章内容小结

　　本章中，我们通过统观整个程序，练习思考高效率的实现方法。效率更高的程序通常也是更简单明了的。现阶段孩子也许还不是很理解，但这些练习可以为"向别人清楚说明""掌握客观状况"等能力打下良好基础。

写给家长朋友

　　如果实际开始编程，孩子可以感受到其中相通的思维方式，这就是所谓的"算法"。

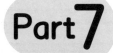

Part 7

综合练习

思考身边的程序

孩子们可以从日常生活中找出能编程运行的场景，同时试着思考相应的程序。这样能让孩子意识到怎样把所学的知识运用到日常生活中。

虚线框中所写的电饭煲快捷烧饭功能的程序可以用下面的流程图来表示。

流程图

用大火加热至 100℃后改为中火。
加热到 130℃时停止加热，焖 10 分钟。

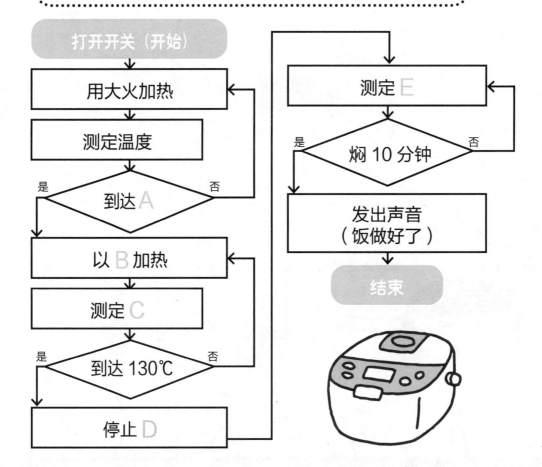

打开开关〔开始〕

用大火加热

测定温度

到达 A　是／否

以 B 加热

测定 C

到达 130℃　是／否

停止 D

测定 E

焖 10 分钟　是／否

发出声音
（饭做好了）

结束

此外，微波炉和电冰箱也是依靠程序调节温度的。

请从①－⑩中找出填入左页流程图中A–E处的项目。

※ 同样编号不能重复使用

①大火　②温度

③10　④中火

⑤水　⑥加热

⑦130℃　⑧时间

⑨100℃　⑩米

A	B
C	D
E	

除此之外，保温功能、定时器功能、根据米的种类烹饪的功能等，每台电饭煲里都会有很多程序在运转。

我可不能当电饭煲。

给空调做了 ⟨⎯⎯⎯⟩ 中的设定后打开电源。这时空调程序的简易流程图如下所示。请回答（1）、（2）两题。

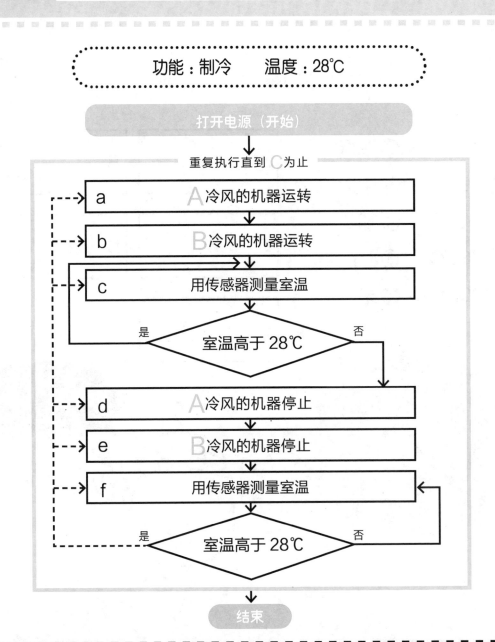

功能：制冷   温度：28℃

打开电源（开始）

重复执行直到 C 为止

a	A 冷风的机器运转
b	B 冷风的机器运转
c	用传感器测量室温

是   室温高于 28℃   否

d	A 冷风的机器停止
e	B 冷风的机器停止
f	用传感器测量室温

是   室温高于 28℃   否

结束

日常生活中的电器实际上是由多个程序配合起来运转的。

思考身边的程序

（1）请从①－④中找出填入 A、B 的选项，并在 C 中写入你觉得合适的指令。

①停止　②输送　③制造　④加热

```
┌─────────────────┐   ┌─────────────────┐
│ A               │   │ B               │
│                 │   │                 │
└─────────────────┘   └─────────────────┘

┌───────────────────────────────────────┐
│ C                                       │
│                                         │
└───────────────────────────────────────┘
```

（2）请回答流程图中最后的"是"的箭头应该连在a－f中的哪一项上。

```
┌─────────────┐
│             │
│             │
└─────────────┘
```

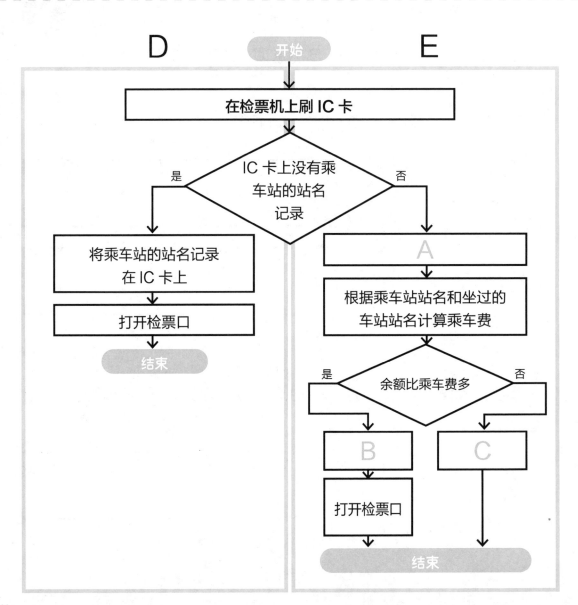

Step 1

3

使用 IC 卡坐地铁时，自动检票机程序的简易流程图如下。
请回答（1）、（2）两题。

D 开始 E

在检票机上刷 IC 卡

IC 卡上没有乘
车站的站名
记录

是 否

将乘车站的站名记录
在 IC 卡上

A

打开检票口

根据乘车站站名和坐过的
车站站名计算乘车费

结束

是 余额比乘车费多 否

B

C

打开检票口

结束

298

为了能自动支付乘车费，我们事先往
IC 卡里存入的金额就成为"余额"。

思考身边的程序

（1）请从①－⑥中找出填入 A−C 的项目。

①从余额里减去乘车费的一半

②将下车站的站名记录在IC卡上

③检票机的红灯亮起并发出声音

④从余额里减去乘车费

⑤打开检票口

⑥将乘车站的站名记录在IC卡上

A	B	C

（2）请将"进站上车时"和"下车出站时"两个流程名称分别填写在 D、
　　 E 两栏中。

D

E

解答在第 311 页

机器人按照程序的指示从起点（1日）开始走遍日历。请回答（1）、（2）两题。

日	一	二	三	四	五	六
				1	2	3
4	5	6	7	8	9	10
11	12	13	14	15	16	17
18	19	20	21	22	23	24
25	26	27	28	29	30	31

这是把本套书中学到的知识综合运用起来的题目!

（1）请将机器人按照如下程序运行时走过的所有日期格子（包括1日）填入下框中。

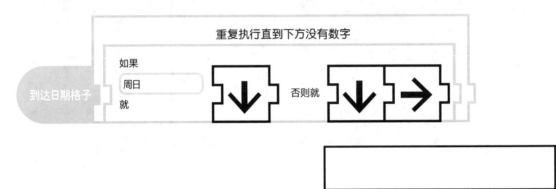

重复执行直到下方没有数字

如果 周日 就

否则就

到达日期格子

（2）机器人按照如下程序运行时会停在哪一天的格子上？请填在框中。

重复执行直到下方没有数字

如果 日期是奇数 而且 左边有数字 就

否则就

到达日期格子

解答在第311页

按照下面的时间表制作打铃的程序。

为了把时间表"分解"后"组合",请回答（1）、（2）两题。

青空小学 一日时间表

	早读·晨会	8:25-8:45	20分钟	打铃
	第一节课	8:45-9:30	45分钟	打铃
		5分钟休息	5分钟	打铃
	第二节课	9:35-10:20	45分钟	打铃
		20分钟休息	20分钟	打铃
	第三节课	10:40-11:25	45分钟	打铃
		5分钟休息	5分钟	打铃
	第四节课	11:30-12:15	45分钟	打铃
	午餐	12:15-13:00	45分钟	打铃
	打扫卫生	13:00-13:20	20分钟	打铃
	午休	13:20-13:40	20分钟	打铃
	第五节课	13:40-14:25	45分钟	打铃
		5分钟休息	5分钟	打铃
	第六节课	14:30-15:15	45分钟	打铃

※ 打铃 标注"打铃"的地方会响起铃声

如果能找到重复的地方，即使是很长的时间表也能表达得很简洁。

思考身边的程序

（1）左页图中的时间表可以按照如下 A–C 三个组合来制作程序。

A 分钟后响铃

B 分钟后响铃

C 分钟后响铃

A–C 组合的顺序是

B→A→C→A→B→A→C→A→A→B→B→A→C→A。

请在 A–C 中填入合适的分钟数。

 A    B   C

（2）在(1)的程序中重复了多次 B → A → C → A。如果把 B → A → C → A 用"★"来表示，则（1）的程序会变成什么样子？

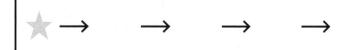

★ →　　　 →　　　 →　　　 →

解答在第 312 页

这是一道综合题。请按照（1）–（3）的顺序依次回答问题。

在周五的早上，佩洛接到了几点到学校去的指令？
请回答时间。

（1）读数机器人从起点开始朝箭头方向按照如下程序行进，请将读出的
数字按顺序写在下面 A–F 的 6 栏中。

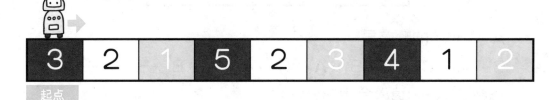

起点

程序

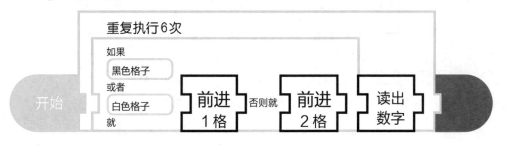

重复执行6次

如果
黑色格子
或者
白色格子
就

开始

前进
1格

否则就

前进
2格

读出
数字

A   B   C   D   E   F

从（1）开始依次回答，题目是前后相联系的哦。

（2）将（1）中读出的 A-F 的数字填在下面的程序中。请按照程序读取左边表中的文字。

	5	星	角	三	黑	3
	4	色	方	形	状	思
竖	3	维	1	世	程	序
	2	5	心	圆	星	菱
	1	2	圈	4	颜	绿
	0	1	2	3	4	5
				横		

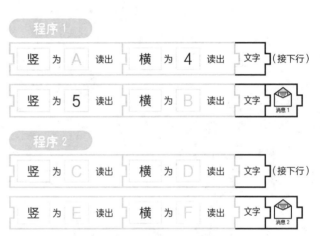

程序 1

竖 为 A 读出 横 为 4 读出 文字 （接下行）

竖 为 5 读出 横 为 B 读出 文字 📨 消息 1

程序 2

竖 为 C 读出 横 为 D 读出 文字 （接下行）

竖 为 E 读出 横 为 F 读出 文字 📨 消息 2

（3）机器人 A 和机器人 B 接收到（2）中读出文字的消息，并且开始执行如下程序，请填写出程序结束后，图中出现的数字。

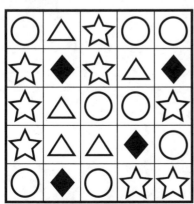

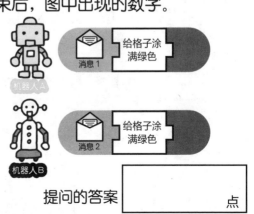

机器人 A　📨消息 1　给格子涂满绿色

机器人 B　📨消息 2　给格子涂满绿色

提问的答案 ☐ 点

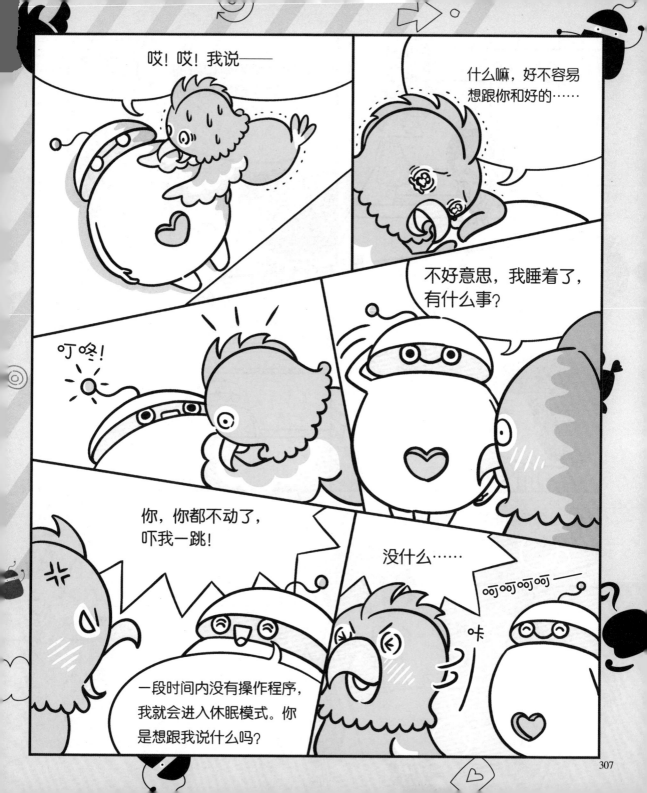

Step 1

A：⑨　　B：④

C：②　　D：⑥

E：⑧

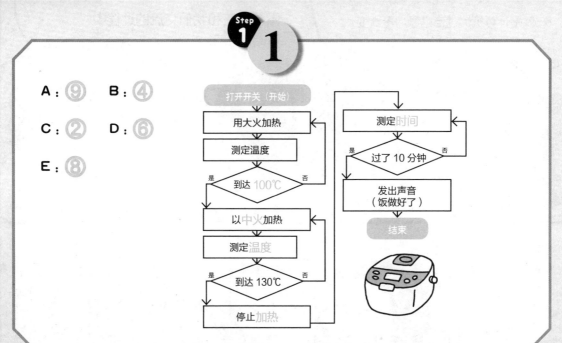

打开开关（开始）

用大火加热

测定温度

到达 100℃　是　否

以中火加热

测定温度

到达 130℃　是　否

停止加热

测定时间

过了 10 分钟　是　否

发出声音
（饭做好了）

结束

Step 2

（1）A：③　　B：②

　　C：（例）关掉电源

　　　　如切断电源、空调停止
　　　　等回答也是正确的

（2）a

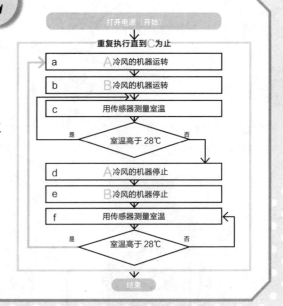

打开电源（开始）

重复执行直到C为止

a　　A冷风的机器运转

b　　B冷风的机器运转

c　　用传感器测量室温

室温高于 28℃　是　否

d　　A冷风的机器停止

e　　B冷风的机器停止

f　　用传感器测量室温

室温高于 28℃　是　否

结束

(1) A：② B：④ C：③

(2) D：进站上车时

E：下车出站时

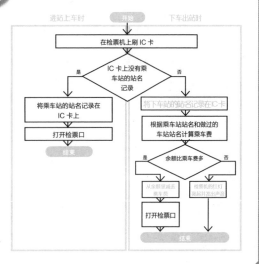

进站上车时 　开始　 下车出站时

在检票机上刷IC卡

IC卡上没有乘车站的站名记录

是　　　否

将乘车站的站名记录在IC卡上

打开检票口

结束

将下车站的站名记录在IC卡

根据乘车站站名和做过的车站站名计算乘车费

余额比乘车费多

是　　　否

从余额里减去乘车费　检票机的红灯亮起并发出声音

打开检票口

结束

Part 7

思考身边的程序

Step 2 1

(1) 1、8、9、
16、17、24、31

(2) 26日

日	一	二	三	四	五	六
				1	2	3
4	5	6	7	8	9	0
11	12	13	14	15	16	17
18	19	20	21	22	23	24
25	26	27	28	29	30	31

日	一	二	三	四	五	六
				1	2	3
4	5	6	7	8	9	0
11	12	13	14	15	16	17
18	19	20	21	22	23	24
25	26	27	28	29	30	31

（1） A：45　　B：20　　C：5

（2） ★ → ★ → A → B → ★

早读·晨会	8:25-8:45	20分钟	B
第一节课	8:45-9:30	45分钟	A
	5分钟休息	5分钟	C
第二节课	9:35-10:20	45分钟	A
	20分钟休息	20分钟	B
第三节课	10:40-11:25	45分钟	A
	5分钟休息	5分钟	C
第四节课	11:30-12:15	45分钟	A
午餐	12:15-13:00	45分钟	A
打扫卫生	13:00-13:20	20分钟	B
午休	13:20-13:40	20分钟	B
第五节课	13:40-14:25	45分钟	A
	5分钟休息	5分钟	C
第六节课	14:30-15:15	45分钟	A

★ 20分钟 +45分钟 +5分钟 +45分钟
　（B）　　（A）　　（C）　　（A）
的组合有3次。

写给家长朋友

这道题是为编写程序而做的准备工作。

把一天的时间表"分解"为5分钟、20分钟、45分钟，这样有助于让孩子意识到时间表是由这些时间段组合起来的。也就是说，从事物的现象中找出规律并应用到其他事物中，这样的过程称作"规律化"，这种思维方式与"分解"一样，都是很重要的编程思维方式。

(1) A：2　B：1　C：2　D：3　E：1　F：2

| 3 | 2 | 1 | 5 | 2 | 3 | 4 | 1 | 2 |

起点

(2) 程序1为（星星）

程序2为（圆圈）

	5	星	角	二	黑	3
	4	色	方	形	状	思
	3	维	1	世	程	序
	2	考	心	圆	星	菱
	1	2	卷	子	颜	绿
	0	1	2	3	4	5

(3) 15点

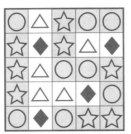

根据（2）的答案，把
星星和圆圈的格子涂
满绿色。

写给家长
朋友

　　本章特别选择了让孩子容易理解的生活中的示例，如地铁检票口的处理方式
等。家长们在家里也可以就身边的家用电器的处理方式等话题，和孩子一起聊聊
看。这样，他们就可以感受到更多编程为我们生活带来的便利了。

　　编程教育旨在通过提升自身的能力以贡献社会，培养孩子积极解决身边问题
的生活姿态。希望通过本系列图书培养的能力，帮助孩子在未来的人生中成为有
益于社会的人。

思考身边的程序

Part
7

313

主编 CodeCamp KIDS

CodeCampKIDS 是面向小学生和初中生开设的编程学校，既提供零起点入门的少儿编程课程，也可以学习真正的游戏和应用程序开发。学校由一线工程师组成的开展编程家庭教师业务的 CodeCamp 株式会社运营。学校在日本东京都品川区大崎设有直营教室，并在日本各地有多处合作教室。同时与一些企业及教育机构合作开发系列教材，并自 2018 年起推出无论何时何地都可以参加学习的在线课堂。

CodeCampKIDS 业务总负责人
斋藤幸辅

毕业于日本明治大学商学部，并毕业于事业创造大学院大学（MBA）。在大学期间取得日本教师资格。曾就职于咨询公司，并在大型教育集团企业中开拓面向中小学生的编程教育业务。2016 年度曾任日本总务省"面向年轻人群的编程教育普及促进业务"项目经理。其后自 2017 年起参与策划创建 CodeCampKIDS。

CodeCampKIDS 教务负责人
铃木朱美

曾于日本 IBM 株式会社学习当时最先进的计算机知识及技术，并作为系统工程师从事应用程序开发及客户系统支持等工作。且在大型教育集团企业中开拓面向中小学生的编程教育业务，除负责学校运营、人才培训外，还主持教材开发工作。自 2017 年起参与策划创建 CodeCampKIDS，并出任教务负责人。

陶旭

早年在日本从事软件工程师工作，后从事日语同声传译工作，近年曾在华为东京研究所任口译员。现为日语自由翻译。译作有《给孩子的未来科学》《图解 3D 打印》《Scratch 少儿趣味编程》《折纸几何学》等。

问题构成	Culture Pro. Inc. Onishi Kenji
漫画、封面插图	Ozeki Isamu
插图	Ozeki Isamu Kosaka Taichi
内文、封面设计	Chadal108（门司美惠子 田岛望美）
校正	Culture Pro. Inc.
编辑助理	Alba co.,ltd.

图书在版编目（CIP）数据

藏在编程里的思维力 / 日本CodeCampKIDS编著; 陶旭译.
一成都：天地出版社，2022.11
ISBN 978-7-5455-7231-5

Ⅰ.①藏… Ⅱ.①日… ②陶… Ⅲ.①程序设计—儿童读物 Ⅳ.
①TP311.1-49

中国版本图书馆CIP数据核字（2022）第162922号

Original Japanese title: SHOGAKUSEI ASONDE MINITSUKU SERIES
PROGRAMMING TEKI SHIKO DRILL
Copyright © 2021 Alba Co., Ltd.
Original Japanese edition published by Seito-sha Co., Ltd.
Simplified Chinese translation rights arranged with Seito-sha Co., Ltd.
through The English Agency (Japan) Ltd. and Shanghai To-Asia Culture Co., Ltd.

著作权登记字号　图进字：21-2022-253

CANGZAI BIANCHENG LI DE SIWEILI

藏在编程里的思维力

出 品 人	杨　政	美术编辑	谭启平
总 策 划	戴迪玲	营销编辑	陈 忠　魏 武
作　　者	[日]CodeCampKIDS	责任校对	黄珊珊
译　　者	陶　旭	责任印制	刘　元
策划编辑	王　倩		
责任编辑	王　倩　刘桐卓		

出版发行　天地出版社
　　　　　（成都市锦江区三色路238号　邮政编码：610023）
　　　　　（北京市方庄芳群园3区3号　邮政编码：100078）
网　　址　http://www.tiandiph.com
电子邮箱　tianditg@163.com
经　　销　新华文轩出版传媒股份有限公司

印　　刷　北京博海升彩色印刷有限公司
版　　次　2022年11月第1版
印　　次　2022年11月第1次印刷
开　　本　889mm×1194mm 1/24
印　　张　14.25
字　　数　250千字
定　　价　130.00元
书　　号　ISBN 978-7-5455-7231-5